职业教育"十三五"规划新形态教材

网络设备配置与管理项目实训

钮立辉 **主 编**

贾鸿宇 陈小明 **副主编**

中国铁道出版社有限公司
CHINA RAILWAY PUBLISHING HOUSE CO., LTD.

内 容 简 介

本书以 Cisco Packet Tracer 软件进行实训模拟，介绍交换机 / 路由器的配置方法，通过典型配置的实例，使读者掌握交换机和路由器互联协议的实际应用技术，了解网络组建的基本原理和方法，掌握交换机的常规配置、VLAN 技术、生成树技术、端口安全、链路聚合、路由器的常规配置、路由技术、访问控制技术、局域网与互联网连接技术等典型常用技术。本书内容充实、实用，配套微课视频讲解，对实践具有较好的指导作用。

本书以渐进式任务驱动项目教学方式，分三个模块，共 13 个项目 36 个任务，每个项目均有学习目标、知识准备，每个任务都包含任务明确、操作步骤、任务落实、任务总结、任务提升几个环节，可帮助读者掌握当前常用网络设备配置与管理的知识与技能。

本书适合作为职业院校网络技术专业学生的教材，也可供从事网络管理的专业技术人员参考使用，还可作为全国职业院校计算机网络技能大赛的培训用书。

图书在版编目（CIP）数据

网络设备配置与管理项目实训 / 钮立辉主编 . —北京 : 中国铁道
出版社有限公司, 2020.1（2024.7 重印）
职业教育"十三五"规划新形态教材
ISBN 978-7-113-26564-9

Ⅰ.①网… Ⅱ.①钮… Ⅲ.①网络设备 – 配置 – 职业教育 – 教材
②网络设备 – 设备管理 – 职业教育 – 教材 Ⅳ.① TN915.05

中国版本图书馆 CIP 数据核字 (2019) 第 300230 号

书　　名：网络设备配置与管理项目实训
作　　者：钮立辉

策　　划：邬郑希　　　　　　　　　　　编辑部热线：(010) 83527746
责任编辑：邬郑希　李学敏
封面设计：刘　颖
责任校对：张玉华
责任印制：樊启鹏

出版发行：中国铁道出版社有限公司（100054，北京市西城区右安门西街 8 号）
网　　址：https://www.tdpress.com/51eds/
印　　刷：三河市航远印刷有限公司
版　　次：2020 年 1 月第 1 版　　2024 年 7 月第 3 次印刷
开　　本：787 mm×1 092 mm　1/16　印张：13.25　字数：307 千
书　　号：ISBN 978-7-113-26564-9
定　　价：39.00 元

前 言
PREFACE

随着全国职业院校计算机网络技能大赛的普及，很多职业类院校已经开始参与网络搭建类项目的比赛，但比赛设备购买投入较大，训练时对环境要求高，不利于初期培训的开展，因此急需一种既能开展培训又不依赖实验环境的教材。目前网络设备配置与管理的教材较多，但多数是针对具体厂家的设备编写的，使用这些教材培训时需要在实验室进行很多手动操作。每次实验连接线路和设备准备时间长，教材的利用效果并不理想。本书主要是为了适应职业院校开展网络课程教学及技能培训而编写，是比较系统的网络设备配置与管理的模拟实训教材。

计算机网络技术发展异常迅速，相关的网络硬件产品更新换代更快，购买真实的物理硬件设备来完成实训成本太高。在计算机软件飞速发展的今天，完全可以使用虚拟软件在一台高性能的计算机上完成绝大多数的实训项目和任务。本书以实用为原则，采用 Cisco Packet Tracer 软件进行实训讲解，方便读者学习和实验，在模拟实训设备要求不高的条件下来完成网络设备配置与管理。本书分三个模块，共 13 个项目 36 个实训任务，具体内容如下：

第一模块共 2 个项目，划分为 4 个任务，主要介绍模拟器软件 Cisco Packet Tracer 的基础知识和如何使用模拟器软件 Cisco Packet Tracer 建立虚拟网络环境，为后续实训内容做准备。

第二模块共 5 个项目，划分为 18 个任务，主要介绍交换机 Telnet 及 Web 方式管理等初始配置、VLAN、DHCP、静态路由及默认路由配置、RIP 的配置、OSPF 的配置及链路聚合、端口安全等交换机的调试与配置。

第三模块共 6 个项目，划分为 14 个任务，主要介绍路由器的密码恢复等常见的配置和管理方法、访问控制、广域网协议 PPP 验证方式 PAP 和 CHAP、NAT 地址转换和

PAT 端口复用、单臂路由等常用知识。

本书主编具有多年从事网络方面教学的经验,在计算机网络技术类全国比赛中指导学生参赛并多次获得一等奖,参加编写的人员也都是教学一线有丰富经验的人员。编者在编写本书过程中充分考虑了读者的需要和使用习惯,内容深入浅出、通俗易懂,形式生动活泼,轻理论重实践。全书的整体结构以实训为主,采用了渐进式任务驱动教学模式安排体例,并提供微课视频。各部分实例丰富、学习规律明显,注重专业特色与网络教学规律的有机结合。内容循序渐进,实践性和实用性强,紧扣当前职业学校学生就业能力的要求,注重培养学生网络技术的实用技能。

本书由钮立辉任主编,贾鸿宇、陈小明任副主编,具体编写分工如下:模块一由钮立辉编写;模块二项目一由于凤春编写,项目二由高鹏编写,项目三由王丽编写,项目四、项目五由孙凌祥编写;模块三项目一由黄金颖编写,项目二由孙晓春编写,项目三、项目四由贾鸿宇编写,项目五由杨建清编写,项目六由陈小明编写,最后由钮立辉统稿并审校。

由于编者水平有限、编写时间仓促,书中疏漏和不足之处在所难免,恳请广大读者提出宝贵意见。

编者

2019 年 10 月

目 录

CONTENTS

◎ 模块三　路由器配置与管理

模块一
Cisco Packet Tracer 软件使用

Cisco Packet Tracer 是一款模拟思科交换机、路由器的设备模拟软件，提供了设备配置基本操作。它功能能强大，主要用于模拟 Cisco 图形界面，该软件通过建立虚拟的网络环境，能让用户进行网络设备模拟。Packet Tracer 支持多种设备，为学习网络设备管理、配置、排除网络故障提供了网络模拟环境，本项目重点学习 Cisco Packet Tracer 软件的工作模式及基本操作。

项目安排

项目一　认识 Cisco Packet Tracer
　　任务一　Cisco Packet Tracer 安装
　　任务二　Cisco Packet Tracer 汉化

项目二　Cisco Packet Tracer 设备管理与工作模式
　　任务一　利用 Cisco Packet Tracer 规划网络拓扑
　　任务二　双机互连通信

知识目标

◎ 掌握 Cisco Packet Tracer 的安装及汉化方法

◎ 熟悉 Cisco Packet Tracer 的界面

◎ 掌握 Cisco Packet Tracer 的设备管理

◎ 理解 Cisco Packet Tracer 的工作模式

能力目标

◎ 熟练安装 Cisco Packet Tracer 5.3 并能汉化

◎ 熟练使用 Cisco Packet Tracer 5.3 绘制拓扑图

◎ 掌握 Cisco Packet Tracer 5.3 界面和工具使用

◎ 掌握双机互联技术

项目一
认识 Cisco Packet Tracer

Cisco Packet Tracer 模拟器是由 Cisco 公司发布给思科网络技术学院的交换机设备、路由器设备虚拟环境学习工具,为学习思科网络课程的初学者设计、配置、排除网络故障提供了网络模拟环境,解决了因没有设备而不能实训的问题,本项目我们将学习 Cisco Packet Tracer 的具体应用。

学习目标

(1)掌握 Cisco Packet Tracer 安装步骤。

(2)熟悉 Cisco Packet Tracer 界面。

(3)掌握 Cisco Packet Tracer 常用工具。

知识准备

Cisco Packet Tracer 主要是针对 CCNA 认证开发的一个用来设计、配置和故障排除的网络模拟软件。Cisco Packer Tracer 模拟器软件比 Boson 功能强大,比 GNS3 操作简单,非常适合网络设备初学者使用。

一、Cisco Packer Tracer 安装

Packet Tracer 5.3 模拟器软件安装比较简单,为了让初学者能快速熟悉软件的使用,本节将简单讲解安装过程及相关注意事项。为了能进一步熟悉软件界面功能,可以使用本书提供汉化补丁对界面进行汉化。

(一)Cisco Packer Tracer 安装步骤

(1)找到 Cisco Packet Tracer 安装文件,双击进行安装,弹出安装向导对话框,如图 1-1-1-1 所示。

(2)单击 Next 按钮,出现 Cisco Packer Tracer 安装协议,选择 I accept the agreement(我接受协议)单选按钮,继续单击 Next 按钮,如图 1-1-1-2 所示。

(3)选择安装路径(这里选择默认路径),继续单击 Next 按钮,如图 1-1-1-3 所示。

(4)填写软件安装好以后,定义"开始"菜单里面的快捷方式名称(可以自己任意填写),这里我们不做修改,继续单击 Next 按钮,如图 1-1-1-4 所示。

图 1-1-1-1　Packet Tracer 安装向导

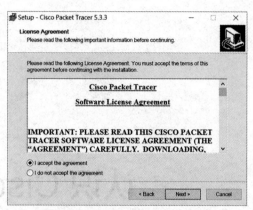

图 1-1-1-2　Packet Tracer 安装协议

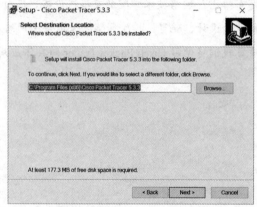

图 1-1-1-3　选择安装路径

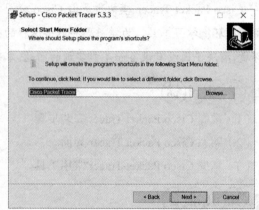

图 1-1-1-4　定义菜单快捷方式名称

（5）在弹出的界面中有两个复选框，Create a desktop icon 意思是要创建一个桌面图标（默认选项），另一个 Create a Quick Launch icon 意思是要创建一个快速启动图标，根据实际情况选择，选择完毕后继续单击 Next 按钮，所图 1-1-1-5 所示。

（6）检查确认安装信息是否正确，如果前面几步有错误，可以单击 Back 按钮退回前面步骤重新修改，如果没问题就单击 Install（安装）按钮，如图 1-1-1-6 所示。

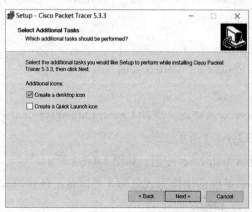

图 1-1-1-5　创建桌面图标和菜单项

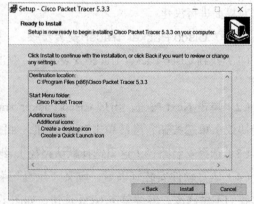

图 1-1-1-6　确认安装信息

（7）安装进度条如图 1-1-1-7 所示。当进度条显示结束后，出现 Setup 提示框，如图 1-1-1-8 所示。

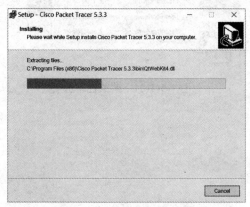

图 1-1-1-7 显示安装进度

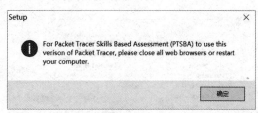

图 1-1-1-8 Setup 提示框

（8）单击"确定"按钮，出现安装完成向导，如图 1-1-1-9 所示，单击 Finish 按钮结束软件安装。如果选择复选框 Launch Cisco Packet Tracer（启动 Cisco Packet Tracer），完成安装后则马上启动 Cisco Packer Tracer，如果不想马上运行 Cisco Packet Tracer 可以不选中复选框，再单击 Finish 按钮。

图 1-1-1-9 安装完成向导

（二）Cisco Packer Tracer 汉化步骤

（1）准备好汉化语言包，把语言包 chinese.ptl 复制到文件安装目录下的 languages 目录下，所图 1-1-1-10 所示。

（2）启动 Cisco Packet Tracer，在菜单栏选择 Options → Preferences，所图 1-1-1-11 所示或按【Ctrl+R】组合键弹出首选项。

（3）在弹出界面的下面 Select Language 提示框中选择 chinese.ptl 补丁，单击 Change Language（更改语言）按钮，如图 1-1-1-12 所示。接下来弹出 Change Language 提示框，如图 1-1-1-13 所示。单击 OK 按钮完成汉化操作，重新打开 Cisco Packet Tracer，界面就是中文的了，如图 1-1-1-14 所示。

图 1-1-1-10　汉化包安装文件夹

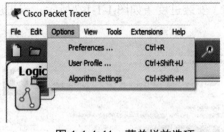

图 1-1-1-11　菜单栏首选项

图 1-1-1-12　更改语言文件

图 1-1-1-13　提示下次启动生效

图 1-1-1-14　Packet Tracer 汉化后的界面

　　Cisco Packet Tracer 没有中文版，汉化包是由某些技术爱好者制作，从菜单 preferences（首选项）对话框显示结果可以看出，很多选项还是英文，如图 1-1-1-15 所示。汉化界面不是十分完善，本节只是熟悉操作步骤，当软件功能熟悉之后建议还原为英文界面，本书后面章节还是以英文界面进行讲解。

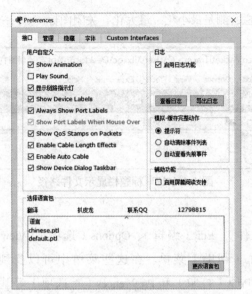

图 1-1-1-15　汉化后的首选项界面

二、Cisco Packer Tracer 界面

Cisco Packet Tracer 有很多版本，目前最新版本为 7.2，因为新版本需要有注册网络账号，对授课教学很不方便，所以本书以 Cisco Packet Tracer 5.3 版本进行学习，作为基础学习使用的 Packet Tracer 5.3 版本完全可以满足技术要求。打开 Cisco Packet Tracer 5.3 版本，如图 1-1-1-16 所示，主要包括标题栏、菜单栏、逻辑 / 物理工作区导航栏、工作区、常用工具栏、实时 / 模拟导航栏、设备分类区、设备选择区、用户数据包窗口几部分。

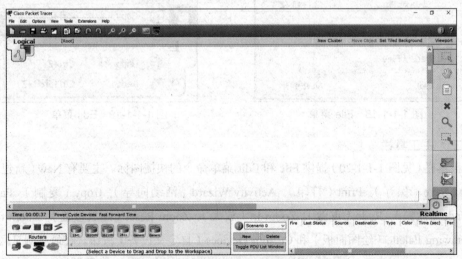

图 1-1-1-16　Cisco Packet Tracer 界面

（一）标题栏

Packet Tracer 5.3 标题栏在软件的最上面，主要有模拟器图标和软件名称。当打开存档文件时，标题栏上会显示文件名和文件路径，如图 1-1-1-17 所示。当鼠标指针在标题栏上时，可以按住

左键拖动软件窗口。标题栏右侧是最小化、最大化、关闭图标。

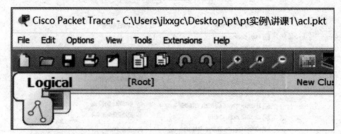

图 1-1-1-17　标题栏显示文件路径

（二）菜单栏

菜单栏包括 File（文件）、Edit（编辑）、Options（选项）、View（视图）、Tools（工具）、Extensions（扩展）和 Help（帮助）菜单。在这些菜单中可以找到 Open（打开）、Save（保存）、Save as（另存为）、Print（打印）和 Preferences（首选项）等基本命令，如图 1-1-1-18 和图 1-1-1-19 所示。

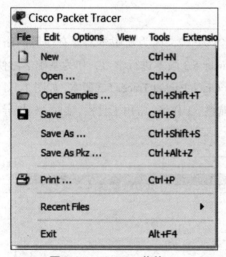

图 1-1-1-18　File 菜单

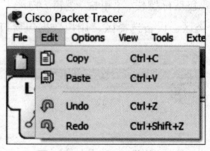

图 1-1-1-19　Edit 菜单

（三）主工具栏

主工具栏（见图 1-1-1-20）提供 File 和 Edit 菜单命令的快捷图标。主要有 New（新建）、Open（打开）、Save（保存）、Print（打印）、Activity Wizard（活动向导）、Copy（复制）、Paste（粘贴）、Undo（撤销）、Redo（重做）、Zoom In（放大）、Zoom Reset（缩放重置）、Zoom Out（缩小）、Drawing Palette（绘图面板）和 Custom Devices（自定义设备）按钮。在最右侧是网络信息 Network Information 按钮，可以使用该按钮输入当前网络的描述（可以是任何文本）。各工具介绍如表 1-1-1-1 所示。

图 1-1-1-20　主工具栏

表 1-1-1-1　主工具栏工具及功能列表

图标	工具名称	中文菜单	功　能
	New	新建	新建 Packer Tracer 文件
	Open	打开	打开 Packer Tracer 文件
	Save	保存	保存 Packer Tracer 文件
	Print	打印	打印 Packer Tracer 文件
	Activity Wizard	活动向导	打开活动向导窗口
	Copy	复制	复制所选项目
	Paste	粘贴	粘贴所选项目
	Undo	撤销	撤销上一个操作
	Redo	重做	重做上一个操作
	Zoom In	放大	放大工作区
	Zoom Reset	缩放重置	将缩放重置为默认值
	Zoom Out	缩小	缩小工作区
	Drawing Palette	绘图面板	创建线条、矩形和椭圆区域
	Custom Devices Dialog	自定义设备	调出设备模板管理器，创建自定义设备保存为模板，下次可以从保存的模板创建设备
	Network Information	网络信息	输入当前网络的描述
	Contents	内容	显示帮助

（四）逻辑 / 物理工作区导航栏

逻辑 / 物理工作区导航栏上的选项卡可以在物理 Physical 工作区和逻辑 Logical 工作区之间切换。在逻辑工作区中可以返回到群集中的上一个级别，可以创建新群集中（New Cluster）、移动对象（Move Object）、设置平铺背景（Set Tiled Background）和视区（Viewport），如图 1-1-1-21 所示。在物理工作区中可以浏览物理位置、创建新城市（New City）、创建新建筑（New Building）、创建新机柜（New Closet）、移动对象（Move Object）、网格（Grid）、设置背景（Set Background），如图 1-1-1-22 所示。

图 1-1-1-21　逻辑工作区导航栏

图 1-1-1-22　物理工作区导航栏

（五）工作区

工作区包括逻辑工作区和物理工作区。逻辑工作区允许构建逻辑网络拓扑，而不考虑其物理规模和排列。物理工作区允许在城市、建筑物和配线间物理地安排设备。如果使用无线连接，距离和其他物理措施将影响网络性能和其他特性。两种工作区的切换通过单击"逻辑 / 物理工作区导航栏"按钮完成。在 Cisco Packet Tracer 中，首先构建逻辑网络，然后可以将其安排在物理工作区中，主要时间是在逻辑工作空间中操作。

（六）常用工具栏

常用工具栏提供对常用工作区工具的访问主要工具有：（Select）选择、移动布局（Move Layout）、放置注释（Place Note）、删除（Delete）、检查（Inspect）、调整形状（Resize Shape）、添加简单 PDU（Add Simple PUD）和添加复杂 PDU（Add Complex PDU），如表 1-1-1-2 所示。

表 1-1-1-2　常用工具栏工具及功能列表

图标	工具名称	中文菜单	功　能
	Select	选择	单击选择对象并拖动它们。可以通过按住鼠标左键，然后将指针拖动到多个对象上来选择这些对象。此操作在对象周围绘制一个矩形，可以同时拖动所有对象。此工具是常用工具栏上的默认工具，按键盘上的 [Esc] 键可快速切换到此工具
	Move Layout	移动布局	按住鼠标左键拖动移动整个工作区
	Place Note	放置注释	在工作区的任何地方标注并放置便签
	Delete	删除	从工作区中删除对象。当选择删除工具时，鼠标指针将变为 "X"。然后可以单击任何要删除的对象（设备、连接或注释）
	Inspect	检查	查看当前工作区中设备列表（如 arp 和 mac 表）
	Resize Shape	调整形状	可以调整使用绘图调色板绘制形状的大小。使用此工具时，工作区上的形状上将显示一个红色正方形，拖动红色方块可增大或减小形状
	Add Simple PDU	增加简单 PDU	增加简单协议数据单元
	Add Complex PDU	增加复杂 PDU	增加复杂协议数据单元

（七）实时 / 模拟导航栏

实时 / 模拟导航栏上的选项卡可以在实时模式和模拟模式之间切换。此栏还提供用于重启设备和快进时间的按钮，以及模拟模式下的播放控制按钮和事件列表切换按钮。此外，它还包含一个时钟，在实时模式和模拟模式下显示相对时间，如图 1-1-1-23 和图 1-1-1-24 所示。

图 1-1-1-23　实时模式导航栏

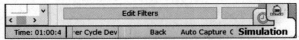

图 1-1-1-24　模拟模式导航栏

（八）设备分类区

设备分类区包含 Packet Tracer 中可用的设备类型和连线。设备特定的选择框将根据选择的设备类型而更改。主要分类包括：路由器 Routers（【Ctrl+Alt+R】组合键）、交换机 Switches（【Ctrl+Alt+S】组合键）、集线器 Hubs（【Ctrl+Alt+U】组合键）、无线设备 Wireless Devices（【Ctrl+Alt+W】组合键）、连线 Connections（【Ctrl+Alt+O】组合键）、终端设备 End Devices（【Ctrl+Alt+V】组合键）、广域网仿真 Wan Emulation（【Ctrl+Alt+N】组合键）、自定义设备 Custom Made Devices（【Ctrl+Alt+T】组合键）、多用户连接 Multiuser Connection（【Ctrl+Alt+M】组合键），如图 1-1-1-25 所示。

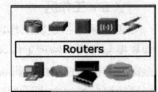

图 1-1-1-25　设备分类区

(九) 设备选择区

当在设备分类区中选择某种设备分类时，会在设备选择区中显示此种分类所包含的全部设备，可以根据选择要放入具体的网络设备和可用的连线。使用相应的设备或连线，只要拖动设备或单击连线即可进行相应的操作，如图 1-1-1-26 ~ 图 1-1-1-28 所示。

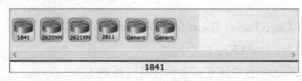

图 1-1-1-26　路由器设备选择区

图 1-1-1-27　交换机设备选择区

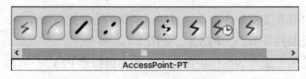

图 1-1-1-28　连线选择区

(十) 用户数据包窗口

用户数据包窗口管理在模拟场景中放入网络中的数据包。在模拟模式下，可以放慢速度观察网络运行，观察数据包的路径并详细分析和查看数据包，还可以使用添加简单的 PDU 按钮以图形方式创建要在设备之间发送的 PDU，然后单击"自动捕获/播放"按钮启动模拟场景。事件列表窗口记录（或"捕获"）当 PDU 通过网络传播时发生的情况，可以使用播放速度滑块控制模拟的速度，再次单击"自动捕捉/播放切换"按钮将暂停模拟。如果需要对模拟进行更大的控制，请单击"捕获/转发"按钮手动向前单步运行模拟。可以单击"上一步"按钮重新访问上一个时间段并查看当时发生的事件，用户创建的数据包窗口如图 1-1-1-29 所示。

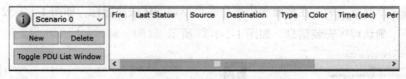

图 1-1-1-29　用户创建的数据包窗口

🎯 任务一　**Cisco Packet Tracer 安装**

💻 任务明确

学校新建的网络实验室，交换机和路由器等网络设备还没有安装，为了不影响正常的授课，所以先在计算机上安装 Cisco Packet Tracer 5.3 对设备进行模拟学习，因为第一次安装界面都是英文的，所以本任务主要是熟悉安装过程。

📭 操作步骤

按照任务要求准备 Cisco Packet Tracer 5.3 安装文件，对照本项目知识准备部分的讲解，按下面步骤操作。

（1）打开安装文件 Cisco.Packet.Tracer.5.3.3.0019.exe。

（2）修改安装路径为：C:\PT5.3。

（3）修改安装安成后的图标快捷方式名称为模拟器 PT5.3。

（4）修改安装后，在桌面和快速启动菜单创建快捷图标。

（5）观察安装信息是否正确，当确认无误后正式安装。

（6）修改安装导航完成后不立即启动程序。

（7）安装结束后启动 Cisco Packet Tracer 5.3 进行测试运行。

Cisco Packet
Tracer 安装

📄 任务落实

步骤 **1**：双击打开安装文件，按本项目知识准备的方法进行操作。

步骤 **2**：修改安装路径为：C:\PT5.3 ，如图 1-1-1-30 所示。

步骤 **3**：修改安装安成后的图标快捷方式名称为模拟器 PT5.3，如图 1-1-1-31 所示。

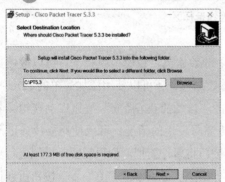

图 1-1-1-30　修改安装路径

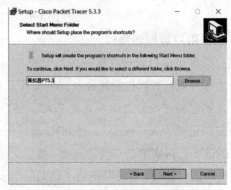

图 1-1-1-31　修改程序快捷方式名称

步骤 **4**：修改安装后，在桌面和快速启动菜单均创建快捷图标，如图 1-1-1-32 所示。

步骤 **5**：确认程序安装信息，如图 1-1-1-33 所示。

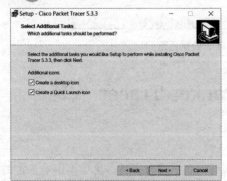

图 1-1-1-32　桌面和快速启动菜单均创建快捷图标

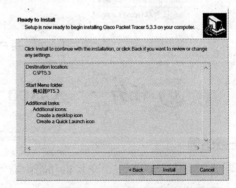

图 1-1-1-33　确认程序安装信息

步骤 **6**：修改安装导航完成后，取消选中 Launch Cisco Packet Tracer（立即启动程序）复选框，如图 1-1-1-34 所示。

步骤 **7**：安装完成后，启动 Cisco Packet Tracer 5.3，如图 1-1-1-35 所示。

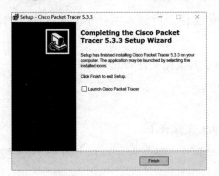 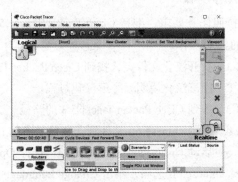

图 1-1-1-34 完成安装后设置不立即启动程序　　图 1-1-1-35 启动 Cisco Packet Tracer 5.3 界面

小贴士

Cisco Packet Tracer 5.3 安装过程均为英文界面和提示，建议理解后再进行下一步操作。

任务总结

Cisco Packet Tracer 作为一个辅助学习工具，可以为初学者提供良好的设计、配置、排除网络故障的网络模拟环境。我们可以在软件的图形用户界面上直接使用拖动方法建立网络拓扑，并可提供数据包在网络中进行的详细处理过程，观察网络实时运行情况。可以学习 IOS 的配置、锻炼故障排查能力。通过本任务的学习我们了解了 Cisco Packet Tracer 的安装方法，熟悉了部分界面功能，为后续的学习奠定了良好的基础。

任务提升

使用 Cisco Packet Tracer 绘制如下网络拓扑图（如图 1-1-1-36 所示），熟悉 Cisco Packet Tracer 工具和菜单的功能。

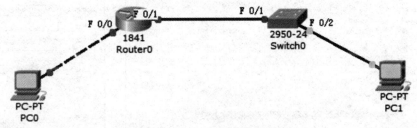

图 1-1-1-36 绘制简单拓扑图

任务二　Cisco Packet Tracer 汉化

任务明确

前面的任务已经将 Cisco Packet Tracer 5.3 安装到计算机系统，但是 Cisco Packet Tracer 5.3

还是英文界面，对于初学者还不适应，所以本次任务是要对 Cisco Packet Tracer 5.3 的界面进行汉化，以方便学生学习。

操作步骤

按照任务要求，准备 Cisco Packet Tracer 5.3 汉化文件，对照本项目知识准备部分的讲解，按下面步骤操作。

（1）打开汉化文件夹，找到 Cisco Packet Tracer 5.3 的汉化文件 chinese.ptl。

（2）阅读汉化说明，了解汉化过程。

（3）找到 Cisco Packet Tracer 5.3 的路径。

（4）复制 chinese.ptl 文件到安装目录下的 languages 文件夹下。

（5）启动 Cisco Packet Tracer 5.3，选择 Options → preferences 命令，在下面 Select Language 中选择 chinese.ptl 选项，单击 Change Language 按钮。

（6）重新启动 Cisco Packet Tracer 5.3，汉化成功。

任务落实

步骤 1：打开汉化文件夹，找到 Cisco Packet Tracer 5.3 的汉化文件 chinese. ptl，如图 1-1-2-1 所示。

Cisco Packet Tracer 汉化

步骤 2：阅读汉化说明，了解汉化过程。

步骤 3：右击桌面上的 Cisco Packet Tracer 图标，在弹出的快捷菜单里选择"属性"命令，弹出"Cisco Packet Tracer 属性"对话框，单击"打开文件所在的位置"按钮，找到 Cisco Packet Tracer 5.3 的路径，如图 1-1-2-2 所示。

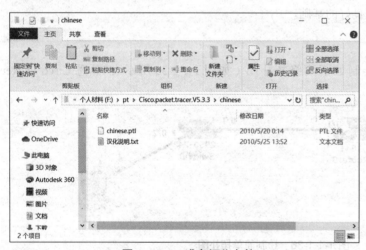

图 1-1-2-1　准备汉化文件　　　　　　　　　图 1-1-2-2　找到文件路径

步骤 4：返回上一层路径找到 languages 文件夹如图 1-1-2-3 所示，将 chinese.ptl 文件复制到该文件夹中。

步骤 5：启动 Cisco Packet Tracer 5.3，选择 Options → Preferences 命令，弹出 Preferences 对话框在下面 Select Language 中选择 chinese.ptl 选项，单击 Change Language 按钮，如图 1-1-2-4 所示。

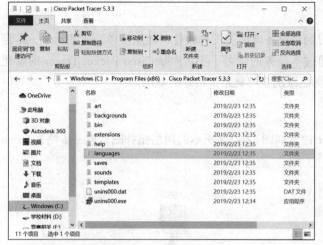

图 1-1-2-3 复制汉化文件到 languages 文件夹中

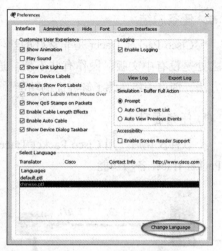

图 1-1-2-4 更改界面语言

步骤 6：重新启动 Cisco Packet Tracer 5.3，汉化成功，如图 1-1-2-5 所示。

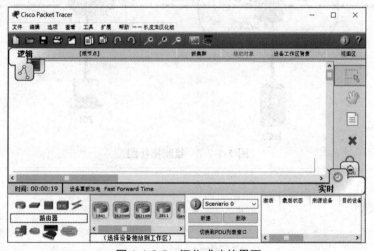

图 1-1-2-5 汉化成功的界面

步骤 7：打开"打印"对话框，查看汉化效果，如图 1-1-2-6 所示。

图 1-1-2-6 "打印"对话框的汉化效果

任务总结

Cisco Packet Tracer 是非常好的学习网络设备调试的工具软件，使用简单、方便易学，不足之处是没有中文版，操作有些不便。通过本任务的学习，可以掌握 Cisco Packet Tracer 的汉化方法，能进一步熟悉了解界面的功能，为后续的学习奠定了良好的基础。

任务提升

软件汉化后，用 Cisco Packet Tracer 绘制如图 1-1-2-7 所示的网络拓扑图，进一步熟悉 Cisco Packet Tracer 各项功能。

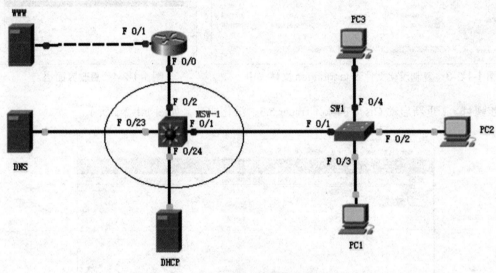

图 1-1-2-7　绘制拓扑图

项目二
Cisco Packet Tracer 设备管理与工作模式

Cisco Packet Tracer 是一个仿真度很高的网络设备运行环境模拟学习软件，用于网络新手设计、配置和排除故障，Cisco Packet Tracer 支持学生和老师创建模拟、可视化和网络现象动画，很大程度降低了学习计算机网络的复杂性。为了更好地学习 Cisco Packet Tracer 软件模拟环境，需要掌握 Cisco Packet Tracer 设备管理和工作模式。

学习目标

（1）熟悉掌握 Cisco Packet Tracer 设备的管理方法。

（2）掌握 Cisco Packet Tracer 的工作模式。

（3）使用 Cisco Packet Tracer 建立网络拓扑。

（4）通过双机互联通信，掌握 Cisco Packet Tracer 的操作方法。

知识准备

Packet Tracer 是一个集成度较高的可视化模拟环境，借助于这个软件可以方便理解抽象网络行为，它提供强大的设备管理能力，可以模拟大部分网络设备的功能，设备的添加管理非常简单方便。

一、Packer Tracer 设备管理

Packet Tracer 设备分类区中有很多常用的设备类型和连线，这些设备主要有路由器、交换机、集线器、无线设备、连线、终端设备等。当我们单击某个分类时，在设备选择区将显示选择的设备类型的全部设备。

（一）设备添加

设备放置到工作区中才能使用。首先，从"设备类型"选择框中选择设备类型；然后，从设备特定的选择框中单击所需的设备型号；最后，单击工作区中的一个位置，将设备放在该位

置。如果要取消选择，请再次单击该设备的图标，即可。

当选择某种设备后，也可以进行拖放操作，选中设备并按住左键将设备拖到工作区合适的位置释放鼠标，设备即可放置到相应位置。如果直接从"设备类型"选择框中单击并拖动设备，将选择默认的设备型号。比如选择交换机分类（【Ctrl+Alt+S】组合键），在设备选择区中单击选择 2960 交换机并按住鼠标左键进行拖动，可以将 2960 交换机放置到工作区，如图 1-2-1-1 所示。

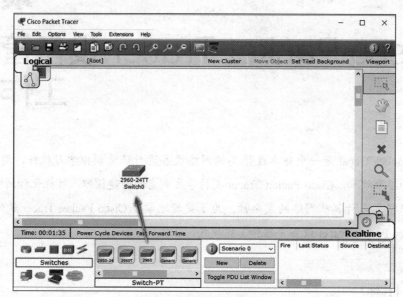

图 1-2-1-1　设备添加

（二）设备设置

每种设备可以有不同的设置项目，当需要对设备进行各种配置和初始操作时，可以针对每种设备的具体要求进行调整，此时先打开设备窗口界面。在窗口界面上，不同的设备配置项目有所不同，基本选项卡有 Physical（物理）、Config（配置）、CLI（命令行）选项卡。

1.Physical 选项卡

单击工作区中的设备时，首先会显示所选设备的 Physical 选项卡（见图 1-2-1-2），在 Physical 选项卡中涵盖了 MODULES（模块）、Physical Device View（物理设备视图）和 Customize Icon（自定义图标）三个区域。窗口中有一张设备图片，左侧是兼容模块 MODULES 的列表。Packet Tracer 支持大量网络设备模块，可以通过按下设备的电源按钮，将模块从列表中拖动到兼容的托架中来添加模块，或者通过将模块从托架拖回列表中删除模块。任何可以更改模块设备的物理视图上都有电源开关。如果模块插槽已满，则必须将现有模块从设备中拖出并移到模块列表中将其释放，然后才能再添加新模块。如果鼠标拖动位置不正确，模块将返回插槽。如果设备视图大小不合适，可以使用缩放控件放大和缩小设备图片，当模块出现在空闲的插槽中时，重新打开电源。注意：当关闭交换机或路由器后重新打开时，设备将重新加载启动配置文件，如果不保存正在运行的配置，所有配置将丢失。

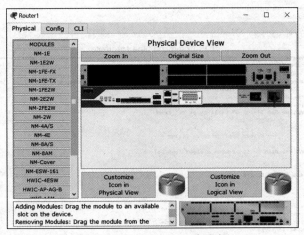

图 1-2-1-2　Physical 选项卡

2.Config 选项卡

Config 选项卡（见图 1-2-1-3）包括 GLOBAL（全局）、ROUTING（路由）、SWITCHING（交换）和 INTERFACE（接口）等选项，不同的设备会有所区别。这里我们以路由路为例进行讲解。要进行全局配置，单击 GLOBAL 按钮展开 Settings 按钮（在未展开情况下）。要配置路由，单击 ROUTING 按钮，然后选择 Static 或 RIP 选项。要配置切换，单击 SWITCHING 按钮以展开 VLAN Database 按钮。要配置接口，单击 INTERFACE 按钮展开 INTERFACE 列表，然后选择接口。注意：Config 选项卡仅为一些简单、常见的功能，只是 Cisco IOS CLI 的部分功能替代方案；要使用设备的全部功能，必须使用 CLI 选项卡使用命令操作。在 Config 选项卡的整个配置过程中，下面的窗口将显示所有操作的等效 Cisco IOS 命令。

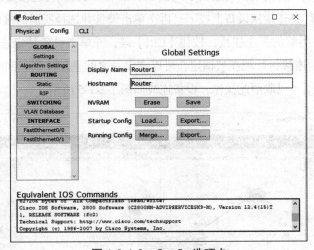

图 1-2-1-3　Config 选项卡

3.CLI 选项卡

Packet Tracer 使用 Cisco IOS 的简化模型。单击路由器配置窗口中的 CLI 选项卡，切换到路由器的 Cisco IOS 命令行界面。使用"复制"和"粘贴"按钮可以在命令行之间复制和粘贴文本，如图 1-2-1-4 所示。

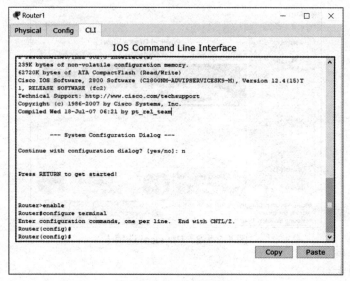

图 1-2-1-4　CLI 选项卡

（三）设备连线

1. 连线方法

设备工作时要在两个设备之间建立连线，首先单击"设备类型"选择框中的连线 Connections 图标（【Ctrl+Alt+O】组合键），显示可用连线的列表。然后单击相应的电缆类型，此时鼠标指针将变为"连接"光标，单击第一个设备并选择要连接的适当接口。然后单击第二个设备并执行相同的操作。两个设备之间将出现一条连接电缆，以及显示每端链路状态的链路灯（针对具有链路灯的接口的设备）。如果误操作连接到了错误的接口，或者想将连接更改为其他接口，可以单击设备附近的链接灯将连接从设备上拔下。再次单击设备并选择所需的接口以重新连接设备。

要快速建立同一类型的多个连接，按住【Ctrl】键，并单击设备特定选择框中的电缆类型，然后释放【Ctrl】键。连接指针现在被锁定，可以在设备之间重复使用相同的连接类型。再次按选定电缆类型的图标则可以取消此操作，设备连线如图 1-2-1-5 所示。

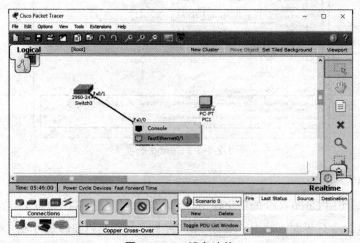

图 1-2-1-5　设备连线

2. 线缆种类

Packet Tracer 支持连接的网络线缆十分丰富，主要线缆类型有配置线、双绞线、光纤、电话线、同轴电缆、串口线等。每种电缆类型只能连接到某些接口类型，具体线缆的名称和功能如表 1-2-1-1 所示。

表 1-2-1-1　线缆种类及功能列表

图标	线缆名称	中文名称	功　　能
	automatically choose connection	自动匹配	当选择此线缆时，可以根据设备支持的线缆类型自动选择线缆
	Console	配置线缆	可以在 PC 和路由器或交换机之间建立控制台连接
	Copper Straight-through	正线序双绞线	用于连接在不同 OSI 层设备（如集线器到路由器、交换机到 PC 和路由器到集线器）
	Copper Cross-over	交叉双绞线	以太网介质，用于连接在同一 OSI 层设备（如集线器到集线器、PC 到 PC、PC 到打印机）
	Fiber	光纤	用于连接光纤端口（100 Mbit/s 或 1 000 Mbit/s）
	Phone	电话线	只能在具有调制解调器端口的设备之间进行连接，或者连接具有调制解调器功能的终端设备（如 PC）
	Coaxial	同轴电缆	用于在设备同轴端口之间建立连接，如连接云的调制解调器电缆
	Serial DCE	DCE 串口线缆	通常用于广域网链路的串行连接，只能在串行端口之间进行连接。注意，必须在 DCE 端启用时钟，以启动线路协议。DTE 时钟是可选的。可以通过端口旁边的小"时钟"图标判断连接的哪一端是 DCE。如果选择串行 DCE 连接类型连接两个设备，第一个设备将是 DCE 端，第二个设备将自动设置为 DTE 端。如果选择串行 DTE 连接类型，则相反
	Serial DTE	DTE 串口线缆	

二、Packer Tracer 工作模式

（一）实时模式

在实时模式下，网络会始终运行，所有配置是实时完成的，网络几乎实时响应。查看网络统计信息时，它们将实时显示。除了使用 Cisco IOS 配置和诊断网络之外，还可以添加简单的 PDU 和用户创建的 PDU 列表按钮以图形方式发送 ping 操作。

在实时模式下，当网络运行时，可以使用检查工具查看当前工作区中设备列表，如图 1-2-1-6 所示。例如，要检查路由器的 ARP 表，可以选择 inspect 工具，单击路由器以显示可用表的列表，然后选择 ARP 表。

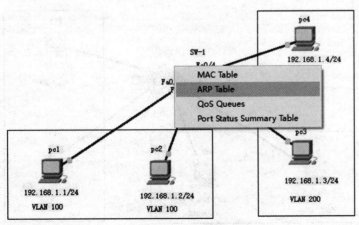

图 1-2-1-6　查看设备列表

除了检查工具，还可以简单地将鼠标指针移到设备上，查看设备上所有端口的链接状态、IP 地址和 MAC 地址等详细信息。请注意，鼠标悬停功能不显示由设备（如交换机）维护的表的状态，而是显示端口相关信息的方便摘要。例如，当将鼠标指针移到交换机上时，用户将看到端口和 MAC 地址列表，这不是交换机 MAC 地址表，而是交换机内置以太网接口硬件地址的 MAC 地址列表，如图 1-2-1-7 所示。

```
Port                Link    VLAN    IP Address    MAC Address
FastEthernet0/1     Up      100     --            0001.6389.E101
FastEthernet0/2     Up      100     --            0001.6389.E102
FastEthernet0/3     Up      200     --            0001.6389.E103
FastEthernet0/4     Up      200     --            0001.6389.E104
FastEthernet0/5     Down    1       --            0001.6389.E105
FastEthernet0/6     Down    1       --            0001.6389.E106
FastEthernet0/7     Down    1       --            0001.6389.E107
FastEthernet0/8     Down    1       --            0001.6389.E108
FastEthernet0/9     Down    1       --            0001.6389.E109
FastEthernet0/10    Down    1       --            0001.6389.E10A
FastEthernet0/11    Down    1       --            0001.6389.E10B
FastEthernet0/12    Down    1       --            0001.6389.E10C
FastEthernet0/13    Down    1       --            0001.6389.E10D
FastEthernet0/14    Down    1       --            0001.6389.E10E
FastEthernet0/15    Down    1       --            0001.6389.E10F
FastEthernet0/16    Down    1       --            0001.6389.E110
FastEthernet0/17    Down    1       --            0001.6389.E111
FastEthernet0/18    Down    1       --            0001.6389.E112
FastEthernet0/19    Down    1       --            0001.6389.E113
FastEthernet0/20    Down    1       --            0001.6389.E114
FastEthernet0/21    Down    1       --            0001.6389.E115
FastEthernet0/22    Down    1       --            0001.6389.E116
FastEthernet0/23    Down    1       --            0001.6389.E117
FastEthernet0/24    Down    1       --            0001.6389.E118
GigabitEthernet1/1  Down    1       --            00D0.BA92.3601
GigabitEthernet1/2  Down    1       --            00D0.BA92.3602
Vlan1               Down    1       <not set>     0030.A367.555E
Hostname: SW-1

Physical Location: Intercity, Home City, Corporate Office, Main Wiring Closet
```

图 1-2-1-7　显示接口 MAC 地址列表

（二）模拟模式

在模拟模式下，网络可以较慢的速度运行，能以动画方式查看数据包的传输情况，观察数据包的路径并详细检查它们，如图 1-2-1-8 所示。

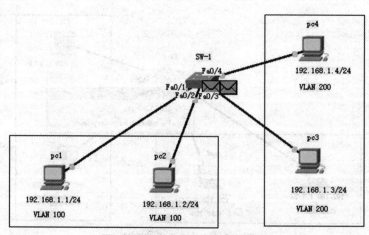

图 1-2-1-8　动画显示数据包传输

切换到模拟模式时，将显示模拟面板，如图 1-2-1-9 所示。此时可以使用添加简单的 PDU 按钮以图形方式创建在设备之间发送的 PDU，然后单击 Auto Capture /Play（自动捕获 / 播放）按钮启动模拟场景。事件列表窗口记录当 PDU 通过网络传播时发生的情况。可以使用播放速度滑块控制模拟的速度。再次单击 Auto Capture /Play（自动捕捉 / 播放）切换按钮将暂停模拟。如果需要对模拟进行更大的控制，请使用 Capture /Forward（捕获 / 转发）按钮手动向前一步运行模拟。可以单击 back（上一步）按钮重新访问上一个时间段并查看当时发生的事件。可以单击 Reset Simulation（重置模拟）按钮清除并重新启动场景，该按钮将清除事件列表中的所有条目。

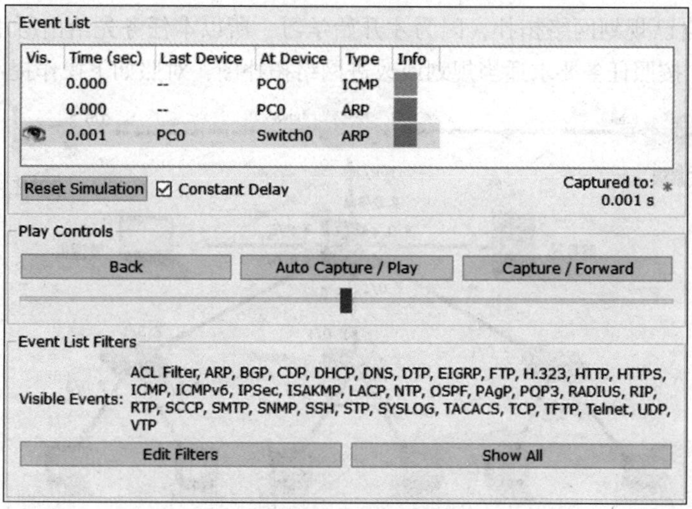

图 1-2-1-9　模拟面板

注意：当模拟正在播放时，如果没有自己创建的数据包，这可能是因为网络运行时生成的数据包种类过多，难以找到所关心的数据。此时可以通过单击 Edit Filters（编辑筛选器）按钮从显示的菜单中取消选中相应的筛选器来隐藏不关心的数据包，如图 1-2-1-10 所示。要显示所有类型的数据包，只需单击 Show All（全部显示）按钮即可重新启用所有数据包。也可以通过单击"编辑过滤器"菜单中的 Edit ACL Filters（编辑 ACL 过滤器）按钮来创建自己的 ACL 过滤器，如图 1-2-1-11 所示。在 ACL Filters（ACL 筛选器）对话框中，可以创建新的 ACL 筛选器、删除 ACL 筛选器、将扩展的 ACL 语句提交到 ACL 筛选器等操作。

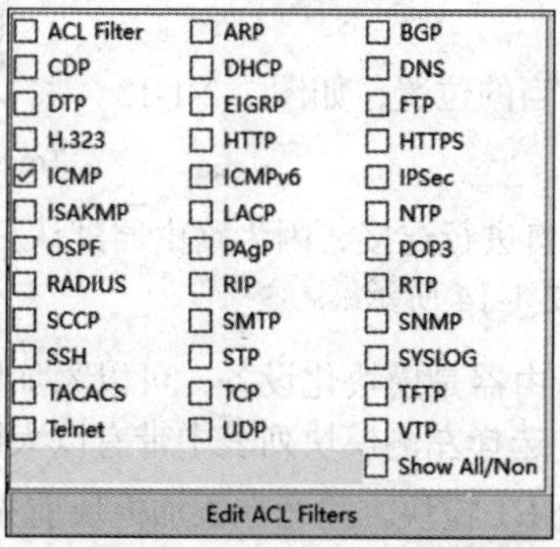

图 1-2-1-10　ACL 筛选器　　　　图 1-2-1-11　编辑 ACL 筛选器

任务一　利用 Cisco Packet Tracer 规划网络拓扑

任务明确

网络学习中，一个不可缺少的能力是绘制网络拓扑图，在施工前，施工人员首先要规划网络拓扑。因为我们的网络实验室还没有安装网络设备，本任务先用所学知识使用 Cisco Packet Tracer 绘制实验室的网络设备连接拓扑图。

操作步骤

这个任务是自己规划网络拓扑，因为才开始学习，所以本任务先给出所用设备的样图，如图 1-2-1-12 所示，按照任务要求适当规划或改进网络拓扑图，对照如下操作提示适当修改。

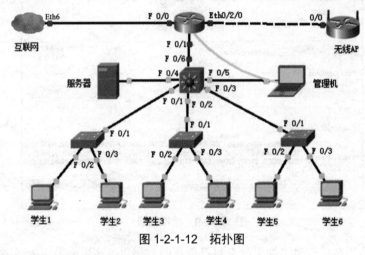

图 1-2-1-12　拓扑图

（1）拖曳相关设备到工作区合适的位置。

（2）选择相对应的线缆对设备的标定端口进行连接。

（3）对接口不足设备添加模块。

（4）启用路由器接口使设备之间的连线指示灯都显示绿色。

（5）添加适当的注释文字，标注设备名称。

（6）关闭链路连接指示灯显示，完成网络拓扑的绘制。

任务落实

Cisco Packet
Tracer 建立网络拓扑

步骤 **1** ：将设备拖动到工作区中，摆放到适当的位置，如图 1-2-1-13 所示。

步骤 **2** ：选择相对应的线缆对设备的标定端口进行连接，因为路由器默认只有两个网络接口，连接无线 AP 时已经没有接口可用了，如图 1-2-1-14 所示。

步骤 **3** ：对接口不足设备添加模块。因为路由器是模块化设备，可以添加网络接口模块，打开路由器的设备管理面板，如图 1-2-1-15 所示。选择左侧模块列表中带有以太网接口的模块，添加到设备面板的插槽中，本例选择的是 WIC-1ENET 模块。注意在添加模块前先将设备的电源关闭，添加模块完成后再打开设备电源，然后就可以连接路由器了，如图 1-2-1-16 所示。

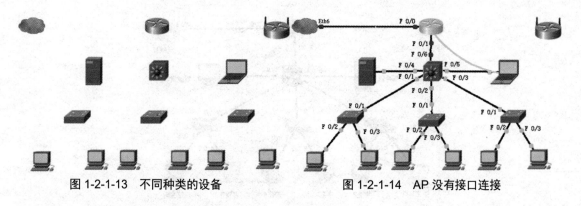

图 1-2-1-13　不同种类的设备　　　　　　　　　　图 1-2-1-14　AP 没有接口连接

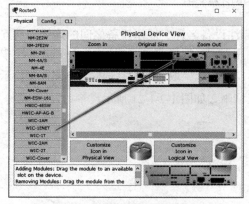

图 1-2-1-15　路由器设备管理面板　　　　　　　　图 1-2-1-16　路由器添加模块后的连接

步骤 4：设备连线完成后，连接路由器的线路指示灯为红色，说明线路没有正常通信，原因是路由器的网络端口没有启用。打开路由器的设备管理面板，在 Config 选项卡左侧列表中找到 INTERFACE（接口），选中所有接口的 Port Status 复选框，如图 1-2-1-17 所示。回到逻辑工作区，设备之间的连线指示灯都显示绿色，说明此时网络连接正常，所图 1-2-1-18 所示。

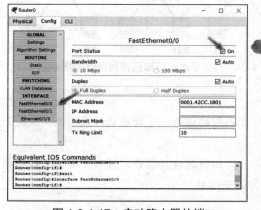

图 1-2-1-17　启动路由器的端口

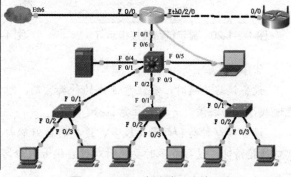

图 1-2-1-18　启动端口连接正常

步骤 5：添加适当的注释文字标注设备名称，使网络拓扑看起来更清晰直观，如图 1-2-1-19 所示。

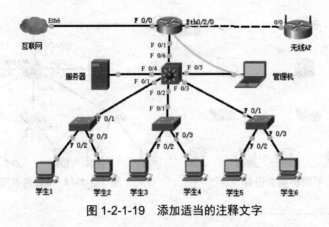

图 1-2-1-19 添加适当的注释文字

步骤 6：作为网络拓扑图，显示设备种类、标注设备名称、展示设备之间的连线和所连接口基本可以满足工程需要，对链路通信状态可以不用表示。选择菜单 Options → Preferences 中 Show Link Lights（显示连接指示灯）项目，如图 1-2-1-20 所示，取消选中复选框，链路连接指示灯就不显示了。这样绘制出来的网络拓扑图既简洁又清晰，如图 1-2-1-21 所示。

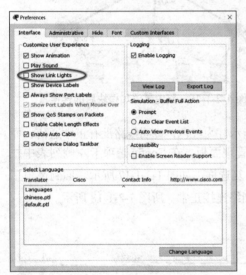

图 1-2-1-20 显示链路连接指示灯

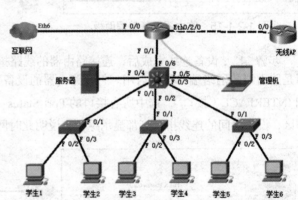

图 1-2-1-21 不显示链路连接指示灯的拓扑图

小贴士

设备链路连接时，要注意连线的种类区别，对于不同的设备，手动连线时采用交叉线还是直通线很容易混淆，一定要注意区分。

设备接口种类和数量比较多，连接时最好能打开显示链路连接指示灯选项，以便直观观察端口连接情况，设备较多时要及时对设备编号或命名以示区别。

任务总结

建立网络拓扑图是学习网络的基础能力，一定要掌握建立方法，只有熟练绘制网络拓扑，同时标注清楚明晰才有助于分析和设计网络结构。使用 Packer Tracer 建立网络拓扑图非常方便简单，对于设计网络结构特别便利，所以本任务读者一定要认真掌握多做练习。

任务提升

结合本任务，按图 1-2-1-22 所示的网络设备进行线缆连接并设计文字注释，完成标准网络拓扑图绘制。

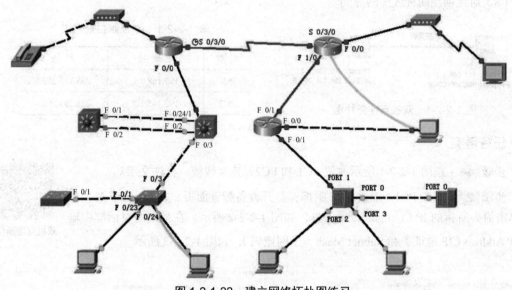

图 1-2-1-22　建立网络拓扑图练习

任务二　双机互连通信

组建计算机网络的主要功能是共享资源，有些情况只有两台计算机，在没有交换设备的情况下，能够通过网卡直接组网进行通信。现在家庭或办公室有两台计算机的比较多，为了临时传输或共享资料，可以通过网卡组成最小的双机网络，减少资金投入。

任务明确

财务室有两台计算机，由于财务计算机的保密要求不允许连入外部网络，但是计算机上的资料要经常共享，目前的解决方法是使用 U 盘或移动硬盘在两台计算机之间复制文件，效率低且非常不方便。考虑到两台计算机都有网卡，因此只需要通过一条网线连接两台计算机并通过配置 IP 就可实现两台计算机的联网达到资源共享的目的。

操作步骤

按照任务要求规划网络拓扑图（见图 1-2-2-1）和 IP 规划表（见表 1-2-2-1），对照如下操作步骤进行相关配置。

（1）拖动两台 PC 到工作区合适的位置。

（2）选择交叉线对设备的网络端口进行连接。

（3）使用标注工具标注设备名称和线缆类型、标注 IP 地址和子网掩码。

（4）配置 PC1 和 PC1 的 IP 地址和子网掩码。

（5）在 PC 模拟命令行界面中使用 ping 工具测试连通性。

（6）删除交叉线原位置换成直通线。

（7）在 PC 模拟命令行界面中使用 ping 工具测试连通性。

（8）对比使用两种线缆的异同。

图 1-2-2-1　双机互连拓扑图

表 1-2-2-1　IP 及端口规划表

名　称	IP 地　址	子 网 掩 码
PC1	192.168.1.1	255.255.255.0
PC2	192.168.1.2	255.255.255.0

📑 任务落实

步骤 1：按图 1-2-2-1 所示放置 PC1 和 PC2，连接线缆、标注文字。

步骤 2：配置 PC1。双击 PC1 图标，打开设备配置面板，在 Desktop 选项卡上单击箭头所指的 IP Configuration 工具，如图 1-2-2-2 所示。在弹出的对话框中输入 IP Address（IP 地址）和 Subnet Mask（子网掩码），如图 1-2-2-3 所示。

双机互连通信

图 1-2-2-2　PC1 设备配置面板

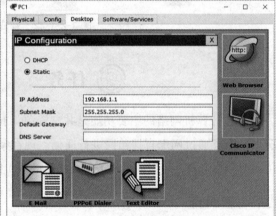

图 1-2-2-3　PC1 配置 IP 地址

步骤 3：配置 PC2。与配置 PC1 步骤相同，双击 PC2 图标，打开设备配置面板，在 Desktop 选项卡上单击箭头所指的 IP Configuration 工具，在弹出的对话框中输入 IP Address（IP 地址）和 Subnet Mask（子网掩码），如图 1-2-2-4 所示。

步骤 4：测试连通性。双击 PC1 图标打开设备配置面板，在 Desktop 选项卡上单击箭头所指的 Command Prompt 工具，如图 1-2-2-5 所示。在弹出的命令行界面提示符"PC>"后面输入 ping 192.168.1.2，如果显示图 1-2-2-6 所示的提示信息，则说明 PC1 与 PC2 通信正常。

步骤 5：将 PC1 和 PC2 之间的连线换成直通线，重复步骤 4 的测试过程，测试结果如图 1-2-2-7 所示，说明 PC1 与 PC2 网络不通。原因是两台同属性的设备相连不能使用直通线，PC1 和 PC2 为同属性设备，应该用交叉线连接。

图 1-2-2-4　PC2 配置 IP 地址

图 1-2-2-5　PC2 设备配置面板

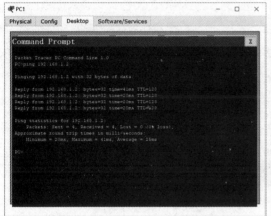

图 1-2-2-6　测试 PC1 与 PC2 通信

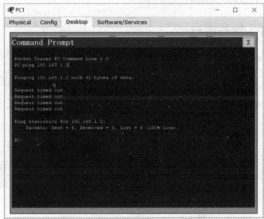

图 1-2-2-7　直通线不能通信

小贴士

双绞线制作有两种标准：T568-A 和 T568-B。当一端按 T568-A 标准制作，另一端按 T568-B 标准制作时，这样的双绞线是交叉线。当两端都按 T568-B 标准制作时，这样的双绞线是直通线。双绞线制作标准如表 1-2-2-2 所示。

表 1-2-2-2　双绞线制作标准

标准	线序							
	1	2	3	4	5	6	7	8
T568-A	白绿	绿	白橙	蓝	白蓝	橙	白棕	棕
T568-B	白橙	橙	白绿	蓝	白蓝	绿	白棕	棕

各种设备的连接情况如表 1-2-2-3 所示，默认情况按表正确选择直通线和交叉线。其中 SWITCH 代表交换机、ROUTER 代表路由器、HUB 代表集线器、PC 代表计算机、AP 代表无线发射点。

表 1-2-2-3　设备之间双绞线类型选择

SWITCH	SWITCH	SWITCH	SWITCH	SWITCH	ROUTER	ROUTER	ROUTER
SWITCH	ROUTER	HUB	PC	AP	ROUTER	HUB	PC
交叉	直通	交叉	直通	直通	交叉	直通	交叉
ROUTER	HUB	HUB	HUB	PC	PC	AP	
AP	HUB	PC	AP	PC	AP	AP	
交叉	交叉	直通	直通	交叉	交叉	交叉	

任务总结

　　双机互连是最简单的网络结构，在没有交换机等网络设备的情况下，只要一条交叉双绞线即可完成两台 PC 间传递文件。本任务重点掌握双绞线的线序和不同设备间连线的种类，这些知识在实际使用时经常用到。

任务提升

　　将三台 PC 进行连接，网络拓扑图如图 1-2-2-8 所示，设置 IP 地址，使各 PC 之间能够互访。

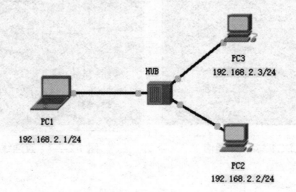

图 1-2-2-8　三机互联练习

模块二
交换机配置与管理

　　交换机是网络通信中最常见的设备，可配置的交换机都提供了多种功能，交换机出厂基本没有任何设置，实际使用时需要我们针对不同的网络环境，调整交换机配置，对其进配置和管理，做出各种优化以适应不同的网络环境。作为网络管理员必须熟悉网络设备的配置操作，才能根据不同的需求和环境特点最大化地优化网络，以适应环境需求。

　　本项目主要介绍思科交换机的配置基础，涉及初始配置、VLAN 管理、DHCP 管理、路由配置、链路冗余、端口安全等方面的基础知识。

项目要点

知识目标

◎ 掌握交换机初始配置与管理

◎ 掌握交换机的 VLAN 配置与管理

◎ 掌握交换机的 DHCP 配置与管理

◎ 掌握三层交换机路由配置与管理

◎ 掌握交换机链路冗余及端口安全

能力目标

◎ 熟练掌握交换机的带内外管理及 CLI 操作技巧

◎ 熟练掌握交换机的 VLAN、Trunk 及 VTP 域管理

◎ 熟练掌握交换机的 DHCP 服务器及中继配置

◎ 熟练掌握三层交换机静态路由、RIP 和 OSPF 动态路由

◎ 熟练掌握交换机生成树、链路聚合、端口安全配置

项目一
交换机初始配置与管理

现在可管控的交换机都带有带外网管接口，使网络管理带宽与业务完全隔离互不影响，构成单独的网管网络。带外管理，是指网络的管理控制信息与用户承载业务信息在不同的逻辑信道，是交换机提供专门用于管理的带宽。带内管理，是指网络的管理控制信息与用户网络的承载业务信息通过同一个逻辑信道传输，也就是占用业务带宽。使用 Console 口是最常用的带外管理方式，或者无法进行带内管理时使用的带外管理方式，即带内管理就是 Web、Telnet 管理，带外就是 console 配置。

学习目标

（1）了解交换机带外和带内管理方法。
（2）掌握交换机管理配置设置步骤。
（3）掌握交换机管理基本配置命令。
（4）掌握交换机 CLI 命令行操作方法和技巧。

知识准备

一、交换机管理方式

对于可管理交换机，管理的方式有命令行和 Web 管理两种，Web 管理方式以网页形式对交换机进行管理，这种方式直观且容易理解，但配置功能思路不清晰；使用命令行对交换机进行管理是最常用的一种方式，用户可通过配置线连接到交换机的配置口或通过网络使用远程登录对交换机进行管理。命令行方式使用不同的模式来完成相应的功能，因此我们学习交换机命令配置，首先应掌握进入和退出各种模式的命令，为后面的学习打下基础。

二、CLI 命令操作方法

交换机命令是按模式分组的，每种模式中定义了一组命令集，所以想要使用某个命令，必须先进入相应的模式。各种模式可通过命令提示符进行区分，提示符名一般是设备的名称，交换机的默认名称为 Switch，路由器的默认名称是 Router，提示符模式表明了当前所处的模式。如："＞"代表用户模式，"#"代表特权模式。

Setup 配置模式：首次开启一台没有配置过的交换机时会自动进入该模式，或在特权模式下输入 SETUP 命令也可进入；该模式以向导提问的方式配置交换机的常用配置。

一般用户配置模式：进入交换机后首先进入的模式，在该模式下只能查询交换机的一些基础信息，如版本号（show version）。

模式提示信息：switch>

特权用户配置模式：在一般用户模式下输入 enable 命令即可进入特权用户模式，在该模式下可以查看交换机的配置信息和调试信息等。

提示信息：switch#

全局配置模式：在特权用户模式下输入 configure terminal 命令即可进入全局配置模式，在该模式下主要完成全局参数的配置。

提示信息：switch(config)#

接口配置模式：在全局配置模式下输入 interface interface-list 即可进入接口配置模式，在该模式下主要完成接口参数的配置。

提示信息：switch(config-if)#

VLAN 配置模式：在特权用户配置模式下输入 vlan database 即可进入 VLAN 配置模式，在该配置模式下可以完成 VLAN 的一些相关配置。

提示信息：switch(vlan)#

模式之间可以进行切换，如果退回到上一层模式，可以用 exit 命令。

例如，switch (config-if)# exit

switch (config)#　// 退回到全局配置模式

用 end 命令或【Ctrl+Z】组合键可从各种配置模式中直接退回到特权模式。

例如，switch (config-if)# end

switch #

三、CLI（命令行）的特点

（1）命令不区分大小写。

（2）可以使用简写。

命令中的每个单词只需要输入前几个字母。要求输入的字母个数足够与其他命令相区分即可。如：configure terminal 命令可简写为 conf t。

（3）用【Tab】键可简化命令的输入。

如果不喜欢简写的命令，可以用【Tab】键输入单词的剩余部分。每个单词只需要输入前几个字母，当它足够与其他命令相区分时，用【Tab】键可得到完整单词。

如：输入 conf(Tab) t(Tab) 命令可得到 configure terminal。

（4）可以调出历史来简化命令的输入。

历史是指用户曾经输入过的命令，可以用【↑】键和【↓】键翻出历史命令再回车就可执行此命令。（注：只能翻出当前提示符下的输入历史。）系统默认记录的历史条数是 10 条。

（5）编辑快捷键：

【Ctrl+A】组合键——光标移到行首，【Ctrl+E】组合键——光标移到行尾。

（6）用 "?" 可帮助输入命令和参数。

在提示符下输入 "?" 可查看该提示符下的命令集，在命令后加 "?"，可查看它第一个参数，在参数后再加 "?"，可查看下一个参数，如果遇到提示 "<cr>"，则表示命令结束，可以回车了。

本项目交换机初始配置与管理相关的命令有 Config、Line、Enable、Interface vlan、IP。为了方便开展任务的学习，将所涉及的命令进行详细讲解。

1.configure 命令

命令格式：configure [terminal]。

命令功能：从特权用户配置模式进入到全局配置模式。

命令参数：[terminal] 表示进行终端配置。

命令模式：特权用户配置模式。

命令举例：进行全局配置模式。

```
switch#configure
```

2.enable 命令

命令格式：enable [0-15]。

相关命令：enable password。

命令功能：用户使用 enable 命令，从普通用户配置模式进入特权用户配置模式。

命令参数：[0-15] 表示 enable 用户使用级别。

命令模式：一般用户配置模式。

缺省情况：表示 enable 用户使用级别为 15 级。

使用指南：为了防止非特权用户的非法访问，在从普通用户配置模式进入到特权用户配置模式时，要进行用户身份验证，即需要输入特权用户口令，输入正确的口令，则进入特权用户配置模式，否则保持普通用户配置模式不变。

命令举例：进入特权用户模式。

```
switch>enable
switch#
```

3.enable password 命令

命令格式：enable password {7 | Line | Level}。

命令功能：修改从普通用户配置模式进入特权用户配置模式的口令。

命令参数：{7 | Line | Level} 可选参数 7 为加密方式，Line 为直接输入密码，level 为密码级别。

命令模式：全局配置模式。

缺省情况：系统默认的特权用户口令为空。

使用指南：配置特权用户口令，可以防止非特权用户的非法侵入，建议网络管理员在首次配置交换机时就设定特权用户口令。另外当管理员需要长时间离开终端屏幕时，最好执行 exit 命令退出特权用户配置模式。

命令举例：设置特权用户的口令为 admin。

```
switch>enable
switch#configure terminal
switch(config)#enable password admin
switch(config)#
```

4.exit 命令

命令格式：exit。

命令功能：从当前模式退出，进入上一个模式，如在全局配置模式使用本命令退回到特权用户配置模式，在特权用户配置模式使用本命令退回到一般用户配置模式等。

命令模式：各种配置模式。

命令举例：从特权用户模式退回的一般配置模式。

```
switch#exit
switch>
```

5.interface vlan 命令

命令格式：interface vlan <vlan-id>。

相关命令：no interface vlan <vlan-id。

命令功能：创建一个 VLAN 接口，即创建一个交换机的三层接口；本命令的 no 操作为删除交换机的三层接口。

命令参数：<vlan-id> 是已建立的 VLAN 的 VLAN ID。

默认情况：设备出厂时没有三层接口。

命令模式：全局配置模式。

使用指南：在创建 VLAN 接口（三层接口）前，需要先配置 VLAN。使用本命令在创建 VLAN 接口（三层接口）的同时，进入 VLAN（三层接口）配置模式。在 VLAN 接口（三层接口）创建好之后，仍旧可以使用 interface vlan 命令进入三层接口模式。

命令举例：在 VLAN 1 上创建一个 VLAN 接口（三层接口）。

```
switch (Config)#interface vlan 1
switch(Config-If)#
```

6.ip address 命令

命令格式：ip address <ip-address> <mask>。

相关命令：no ip address [<ip-address> <mask>]。

命令功能：设置交换机的 IP 地址及掩码；本命令的 no 操作为删除该 IP 地址配置。

命令参数：<ip-address> 为 IP 地址，点分十进制格式；<mask> 为子网掩码，点分十进制格式。

命令模式：VLAN 接口配置模式。

默认情况：系统默认没有 IP 地址配置。

使用指南：本命令为在 VLAN 接口手工配置 IP 地址，一个 VLAN 接口只能有一个主 IP 地址。

命令举例：交换机 VLAN1 接口的 IP 地址设置为 192.168.1.1/24。

```
switch(config)#interface vlan 1
switch(config-if)# ip address 192.168.1.1  255.255.255.0
```

7.line 命令

命令格式：line < console 0 | vty>。

命令功能：将进入 Line 配置模式，设置用户远程登录。

命令参数：<console 0 | vty > console 0 是配置带外管理 console 口接入设置。vty 是配置带内管理网络登入设置。

命令模式：全局配置模式。

使用指南：console 口加密是为了防止其他非授权用户通过 console 口访问路由器或者交换机。CISCO 设备还支持 16 个并行的远程虚拟终端，按照编号就是 0 ~ 15，需注意，这里配置完成后一定要注意配置 enable 的密码，否则 Telnet 是上不去的，如果设置不允许 Telnet 登录，则取消对终端密码的设置即可，为此可执行 no password 和 no login 来实现。

命令举例：同时允许 5 个虚拟终端登陆进行配置。

```
switch (Config)# Line vty 0 4
switch(Config-line)#
```

8.show 命令

命令格式：show <命令列表>。

命令功能：显示各种信息和状态，是最常用的命令。

命令参数：<命令列表> 可以显示各种信息。

命令模式：特权用户配置模式。

使用指南：show 功能强大，命令特别多，如 show clock 显示路由器的时间设置，show running-config 显示当前配置，show version 显示系统版本等。

命令举例：显示 VLAN 配置情况。

```
switch # show vlan
switch#
```

9.vlan 命令

命令格式：vlan <vlan-id>。

命令功能：创建 VLAN 并且进入 VLAN 配置模式，在 VLAN 模式中，用户可以配置 VLAN 名称和为该 VLAN 分配交换机端口；本命令的 no 操作为删除指定的 VLAN。

命令参数：<vlan-id> 为要创建 / 删除的 VLAN 的 vid，取值范围为 1 ~ 1005。

命令模式：全局配置模式。

使用指南：VLAN 1 为交换机的默认 VLAN，用户不能配置和删除 VLAN 1。允许配置 VLAN 总共的数量为 1 005 个。

命令举例：创建 VLAN 10，并且进入 VLAN 10 的配置模式。

```
Switch (Config)# vlan 10
Switch(config-vlan)#
```

任务一　　交换机带外管理

任务明确

办公室新买来一台交换机，在接入网络前要进行初始配置与管理，假设你作为网络管理员，需要对交换机进行基本的配置与管理，使接入的 PC 可以相互之间能够通信。

操作步骤

按照任务要求规划网络拓扑图，如图 2-1-1-1 所示，对照如下操作提示进行相关配置。

1.PC 操作步骤

（1）选择 console 线缆，连接 PC 的 RS232 端口和交换机的 console 端口。

（2）使用 PC → desktop → Terminal 进行测试。

2.SW-1 操作步骤

（1）对 SW-1 交换机配置，设置 console 口的连接密码为 123456。

（2）保存 SW-1 交换机配置。

图 2-1-1-1　交换机带外管理

任务落实

步骤 **1**：打开 PC 的 Terminal 选项，如图 2-1-1-2 所示。

步骤 **2**：配置 Terminal 参数，一般为默认值即可，如图 2-1-1-3 所示。

交换机带外管理

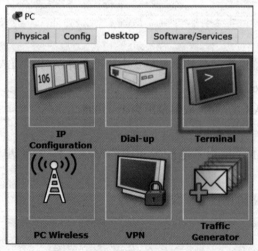

图 2-1-1-2　配置 Terminal 参数

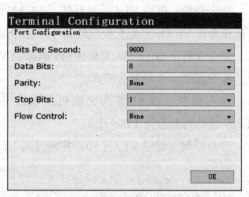

图 2-1-1-3　配置 PC Terminal 选项

步骤 **3** ：SW-1 的配置。

```
Switch>enable
Switch#configure terminal
Switch(config)#hostname SW-1
SW-1(config)#line console 0
SW-1(config-line)#password 123456
SW-1(config-line)#login
SW-1(config-line)#exit
SW-1(config)#exit
SW-1#write
```

小贴士

（1）交换机的不同命令需要切换到相应的模式下才能执行。

（2）交换机第一次设置时为默认配置，所有配置更新后需要保存。

任务总结

交换机的带外管理是最基本的管理方式，这种管理方法要求管理员对设备进行近距离操作和管理，使用计算机通过控制线缆连接交换机实施控制和配置，计算机中需要预装终端管理软件。本节的实例配置是最基本的管理方法，在实际的管理中还有大量的安全操作，希望读者认真总结。

任务提升

使用带外方式管理交换机，配置 PC1、PC2 和交换机并写出操作步骤，拓扑图如图 2-1-1-4 所示。

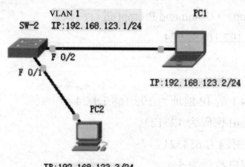

图 2-1-1-4 配置带外方式管理

◎ 任务二 交换机带内管理

带外管理主要是为了对新买来的交换机进行初始化设置，配置需要在交换机附近使用配置线与设备连接才能进行管理，交换机在正常使用时的管理多数采用另外一种管理方法，这种方法就是本节所要讲述的带内管理方式。

任务明确

办公室的交换机已经安装完毕，为了今后管理方便，避免每次设置都来现场操作，管理员应该对交换机配置管理密码,开启带内管理模式,这样就可以利用 Web 或 Telnet 等方式远程管理,下面就来学习配置交换机的带内管理。

操作步骤

按照任务要求规划网络拓扑图(见图 2-1-2-1)和 IP 及端口规划表(见表 2-1-2-1),对照如下操作提示进行相关配置。

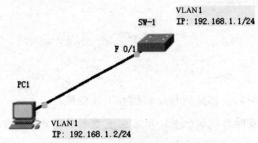

图 2-1-2-1　交换机带内管理拓扑图

表 2-1-2-1　IP 及端口规划表

名称	IP 地址	子网掩码	端口号	VLAN
PC1	192.168.1.2	255.255.255.0	F 0/1	VLAN 1
SW-1	192.168.1.1	255.255.255.0		VLAN 1

1.PC 操作步骤

(1)选择 Copper Straight-Through 线缆,连接 PC1 的 F 0/1 端口和交换机的 F 0/1 端口。

(2)使用 PC1 → desktop → Command Prompt 进行测试。

(3)设置 PC1 的 IP 为 192.168.1.2/24。

2.SW-1 操作步骤

(1)设置交换机主机名为 SW-1。

(2)设置交换机 VLAN 1 的 IP 地址为 192.168.1.1/24。

(3)设置 enable password 密码为 123123。

(4)设置 enable secret 密码为 654321。

(5)设置远程客户端用户数量为 5 个。

(6)设置 VTY 虚拟终端登录的 password 为 123456。

任务落实

步骤 **1**:PC1 的配置。设置 PC1 的地址,如图 2-1-2-2 所示。

交换机带内管理

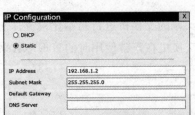

图 2-1-2-2　交换机带内管理 PC1 的配置

步骤 **2**：SW-1 的配置。

```
Switch(config)#hostname SW-1
SW-1(config)#interface vlan 1
SW-1(config-if)#ip address 192.168.1.1 255.255.255.0
SW-1(config-if)#no shutdown
SW-1(config-if)#exit
SW-1(config)#enable password 123123
SW-1(config)#enable secret 654321
SW-1(config)#line vty 0 4
SW-1(config-line)#password 123456
SW-1(config-line)#login
SW-1(config-line)#exit
```

步骤 **3**：测试连通性，如图 2-1-2-3 所示。

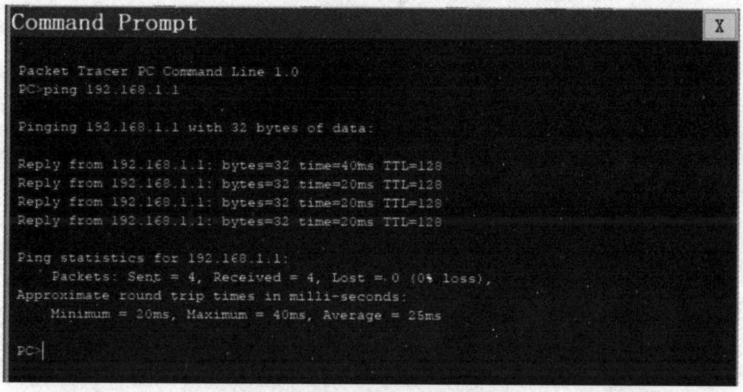

图 2-1-2-3　连通性测试效果图

步骤 **4**：在 PC1 上使用 telnet 命令远程登录交换机 SW-1，操作如图 2-1-2-4 所示。

图 2-1-2-4　Telnet 远程登录效果

小贴士

（1）注意在进行 Telnet 登录前最好先进行联通性测试，以便确认通信是否正常。

（2）本任务设置了 enable password 123123 和 enable secret 654321，如果同时设置两个密码，则只有 enable secret 654321 起作用。

（3）本任务开启了 5 个客户端，所以 PC1 和 PC2 可以同时登录交换机进行操作，但同一时间只能保留一个操作结果。

（4）为了下一次继续进行实训任务方便，最好使用保存命令 write 对配置进行保存。

任务总结

交换机的远程管理是最常用的管理方式，这种管理方法给管理带来极大的便利，管理员只要规划好网络中的交换机等设备的管理 IP 地址和管理权限，便可以非常方便地远程操作，调控设备。本节的实例配置是最基本的管理方法，在实际的管理中还有大量的安全操作，希望读者认真总结。

任务提升

使用带内方式管理交换机，配置 PC 和交换机并写出操作步骤，拓扑图如图 2-1-2-5 所示。

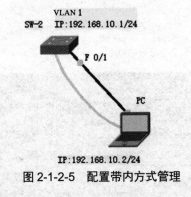

图 2-1-2-5　配置带内方式管理

任务三　　CLI 界面调试技巧

CLI 是交换机最基本的管理界面，因为此界面是命令行操作，只接受命令输入，为了能提高操作速度和方便记忆，本任务主要针对 CLI 命令行操作技巧进行重点讲解。

任务明确

通过任务二，办公室交换机管理方法已经基本掌握，为了进一步熟悉交换机的命令行操作，现在使用模拟器将带内管理的实例稍加变化，使用各种命令技巧来操作，进一步熟悉 CLI 命令模式，重点掌握"？"、Tab、"↑"、"↓"、no 的操作。

操作步骤

按照任务要求规划网络拓扑图（见图 2-1-3-1）和 IP 及端口规划表（见表 2-1-3-1），对照如下操作提示进行相关配置。

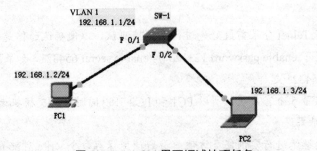

图 2-1-3-1　CLI 界面调试技巧任务

表 2-1-3-1 IP 及端口规划表

名称	IP 地址	子网掩码	端口号	VLAN
PC1	192.168.1.2	255.255.255.0	F 0/1	VLAN 1
PC2	192.168.1.3	255.255.255.0	F 0/2	VLAN 1
SW-1	192.168.1.1	255.255.255.0		VLAN 1

1.PC 操作步骤

（1）保持任务二的配置不变。

（2）选择 Copper Straight-Through 线缆，连接 PC2 的 F 0/1 端口和交换机的 F 0/2 端口。

（3）设置 PC2 的 IP 地址为 192.168.1.3/24。

（4）使用 PC2 → desktop → Command Prompt 测试 PC2 与 PC1 的联通性。

2.SW-1 操作步骤

（1）保持任务二的配置不变。

（2）在 CLI 命令行中使用 "？"、Tab、"↑"、"↓"、no 等方式进行操作，体验命令技巧。

任务落实

步骤 1：PC1 保持任务二的配置，此处步骤省略。

步骤 2：PC2 上的配置，PC2 的地址设置如图 2-1-3-2 所示。

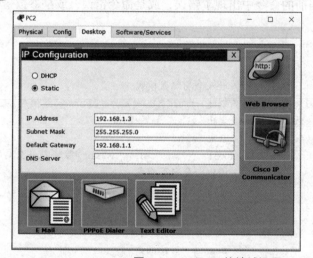

CLI 界面调试技巧

图 2-1-3-2 PC2 的地址设置

步骤 3：SW-1 的配置练习。

第一步：？的使用。

```
switch#show v?                    // 查看以 v 开头的命令
version vlan vtp                  // 只有三条 show version、show vlan 和 show vtp
switch#show version              // 查看交换机版本信息
switch#show vlan                 // 查看交换机 vlan 信息
```

第二步：查看错误信息。

```
switch#
switch#show v                              // 直接敲 show  v  回车
%Ambiguous command:"show v"                // show v 是有歧义的命令
switch#
switch#show valn                           // show vlan 写成了 show valn
Switch#show valn
       ^
%Invalid input detected at'^'marker.// 在 ^ 标记处输入无效
```

第三步：不完全匹配。

```
switch#show ver      // 结果应该是 show version，没有输入全，但是无歧义即可，此处输入
show v、show ve、show ver、show vers、show versi、show versio、show version，效
果都是相同的命令，都可以正常运行。
```

第四步：Tab 的用途。

```
switch#show v        //show v 按 [Tab] 键，没有反应，因为当前模式下还有 show vlan，存在歧义。
switch#show ver   //show ver 按 [Tab] 键补全命令
switch#show version
```

只有当前命令正确的情况下才可以使用 [Tab] 键，也就是说一旦命令没有输全，但是 [Tab] 键又没有起作用时，就说明当前的命令中出现了错误，或是命令错误，或是参数错误等，需要仔细排查。

第五步：否定命令"no"。

```
switch#config                      // 进入全局配置模式
switch(Config)#vlan 10             // 创建 vlan 10 并进入 vlan 配置模式
switch(Config-Vlan)#exit           // 退出 vlan 配置模式
switch(Config)#show vlan           // 查看 vlan
%Invalid input detected at'^'marker.    // show vlan 命令不能在全局配置模式下
switch(Config)#exit                // 退出全局配置模式
switch#show vlan                   // 查看 vlan 信息，如图 2-1-3-3 中有 vlan 10 的存在
```

```
Switch#show vlan

VLAN Name                             Status     Ports
---- -------------------------------- ---------  -------------------------------
1    default                          active     Fa0/1, Fa0/2, Fa0/3, Fa0/4
                                                 Fa0/5, Fa0/6, Fa0/7, Fa0/8
                                                 Fa0/9, Fa0/10, Fa0/11, Fa0/12
                                                 Fa0/13, Fa0/14, Fa0/15, Fa0/16
                                                 Fa0/17, Fa0/18, Fa0/19, Fa0/20
                                                 Fa0/21, Fa0/22, Fa0/23, Fa0/24

10   VLAN0010                         active
1002 fddi-default                     act/unsup
1003 token-ring-default               act/unsup
1004 fddinet-default                  act/unsup
1005 trnet-default                    act/unsup
```

图 2-1-3-3   查看 VLAN 信息

```
switch#config
switch(Config)#no vlan 10      //使用 no 命令删掉 vlan 10
switch(Config)#exit
switch#show vlan               // 查看 vlan 信息，如图 2-1-3-4 中 vlan10 不见了，已经删掉了
```

```
Switch#show vlan

VLAN Name                           Status      Ports
---- -------------------------------- ---------   -------------------------------
1    default                         active      Fa0/1, Fa0/2, Fa0/3, Fa0/4
                                                 Fa0/5, Fa0/6, Fa0/7, Fa0/8
                                                 Fa0/9, Fa0/10, Fa0/11, Fa0/12
                                                 Fa0/13, Fa0/14, Fa0/15, Fa0/16
                                                 Fa0/17, Fa0/18, Fa0/19, Fa0/20
                                                 Fa0/21, Fa0/22, Fa0/23, Fa0/24
1002 fddi-default                    act/unsup
1003 token-ring-default              act/unsup
1004 fddinet-default                 act/unsup
1005 trnet-default                   act/unsup
```

图 2-1-3-4　查看 VLAN 信息

交换机中大部分命令的逆命令都是采用 no 命令的模式。

第六步：调用历史命令。

使用上下光标键"↑""↓"选择已经输入过的命令来节省时间。

任务总结

网络设备管理和配置很多情况下是在 CLI 状态下进行的，熟练掌握命令和操作技巧非常必要，通过本节课的初步练习，读者基本可掌握部分常规操作，要及时练习、多做实例方能熟能生巧。

任务提升

完成 CLI 操作命令技巧练习，使各 PC 与设备之间能够互访，拓扑图如 2-1-3-5 所示。

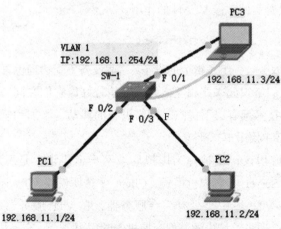

图 2-1-3-5　CLI 拓扑图

项目二
交换机 VLAN 配置与管理

随着网络的普及，管理将会变得困难，问题也会越来越多，比如广播风暴、安全问题等，VLAN（Virtual Local Area Network，虚拟局域网）技术的出现，解决了交换机在进行局域网互连时无法限制广播的问题。这种技术可以把一个 LAN 划分成多个逻辑的 VLAN，每个 VLAN 是一个广播域，VLAN 内的主机间通信就和在一个 LAN 内一样，而 VLAN 间则不能直接互通，这样，广播报文被限制在一个 VLAN 内，安全性也相应提高了。VLAN 的划分方法有多种，最常用的是根据端口来划分 VLAN，首先在交换机上创建 VLAN，然后进入 VLAN 把端口划入或进入端口后加入 VLAN，这种划分方法也称为静态 VLAN，初期配置的工作量大，较适合于较稳定的网络。一个 VLAN 可以根据部门职能、对象组或者应用来将不同地理位置的网络用户划分为一个逻辑网段。

学习目标

（1）了解 VLAN 的概念及作用。

（2）掌握交换机 VLAN 的配置方法。

（3）通过 VLAN 设置实例掌握 VLAN 的作用。

知识准备

虚拟局域网（VLAN）是一组逻辑上的设备，这些设备不受物理位置的限制，可以根据功能、部门及应用等因素将它们组织起来，相互之间的通信就好像它们在同一个网段中一样，由此得名虚拟局域网。VLAN 技术具有以下优点：网络设备的移动、添加和修改的管理开销减少；可以控制广播活动；可提高网络的安全性。

VTP 即 VLAN 中继协议，也被称为虚拟局域网干道协议，是思科私有协议。VTP 有 3 种模式：服务器模式（Server）；客户机模式（Client）；透明模式（Transparent）。

（1）服务器模式：VTP 域中至少有一台服务器，在 VTP 服务器上能创建、修改、删除 VLAN，同时这些信息会通告给域中的其他交换机。默认情况下，交换机是服务器模式。

（2）客户机模式：VTP 客户机上不允许创建、修改、删除 VLAN，但它会监听来自其他交换机的 VTP 通告并更改自己的 VLAN 信息。接收到的 VTP 信息也会在 trunk 链路上向其他交换机转发，所以这种模式下的交换机还能充当 VTP 中继。

（3）透明模式：这种模式的交换机不参与 VTP，可以在这种模式的交换机上创建、修改、删除 VLAN，但是这些 VLAN 信息并不会通告给其他交换机，它也不接受其他交换机的 VTP 通告而更新自己的 VLAN 信息，但它会通过 trunk 链路转发接收到的 VTP 通告从而充当了 VTP 中继的角色。

注意：当 VTP 通过 trunk 时，VTP Server 向其他交换机传输信息和接收更新。若给 VTP 配置密码，那么本域内的所有交换机的 VTP 密码必须保持一致。

本项目相关 VLAN 的配置命令有 vlan、name、switchport interface、switchport mode。为了方便开展任务的学习，将所涉及的命令进行详细讲解如下：

1.vlan 命令

命令格式：vlan <vlan-id>。

相关命令：no vlan <vlan-id>。

命令功能：创建 VLAN 并且进入 VLAN 配置模式，在 VLAN 模式中，用户可以配置 VLAN 名称和为该 VLAN 分配交换机端口；本命令的 no 操作为删除指定的 VLAN。

命令参数：<vlan-id> 为要创建、删除的 VLAN 的 VID，取值范围为 1~1005。

命令模式：全局配置模式。

默认情况：交换机默认只有 VLAN 1。

使用指南：VLAN 1 为交换机的默认 VLAN，用户不能配置和删除 VLAN 1。允许配置 VLAN 的总共数量为 1001 个。

命令举例：创建 VLAN 10，并且进入 VLAN 10 的配置模式。

```
switch(Config)#vlan 10
switch(Config-Vlan)#
```

2.name 命令

命令格式：name <vlan-name>。

相关命令：no name。

命令功能：为 VLAN 指定名称，VLAN 的名称是对该 VLAN 一个描述性字符串；本命令的 no 操作为删除 VLAN 的名称。

命令参数：<vlan-name> 为指定的 VLAN 名称字符串。

命令模式：VLAN 配置模式。

默认情况：VLAN 默认 VLAN 名称为 VLAN××××，其中 ×××× 为 VID。

使用指南：为不同的 VLAN 指定名称的功能，有助于用户记忆 VLAN，方便管理。

命令举例：为 VLAN100 指定名称为 TestVlan。

```
switch(Config-Vlan)#name TestVlan
```

3.interface Ethernet 命令

命令格式：interface ethernet <interface-list>。

命令功能：从全局配置模式进入以太网端口配置模式。

命令参数：<interface-list> 为端口号的列表。当同时操多个端口时，可以对端口进行编组，此时需要在 Ethernet 前面加上 range 参数项，支持 ","，"-"，如：ethernet 0/1，ethernet 0/5 或 ethernet 0/1 - ethernet 0/6。

命令模式：全局配置模式。

使用指南：使用命令 exit 可从以太网端口配置模式退回到全局配置模式。

命令举例：进入快速以太网端口 F 0/1。

```
switch(Config)#interface FastEthernet 0/1
switch(Config-If)#
```

进入快速以太网端口组 0/1，0/4-0/5。

```
switch(Config)#interface range FastEthernet 0/2,FastEthernet 0/4-FastEthernet 0/5
switch(Config-If-Range)#
```

4.switchport access vlan 命令

命令格式：switchport access vlan <vlan-id>。

相关命令：no switchport access vlan。

命令功能：将当前 access 端口加入到指定 VLAN；本命令 no 操作为将当前端口从 VLAN 里删除。

命令参数：<vlan-id> 为当前端口要加入的 VLAN VID，取值范围为 1~1005。

命令模式：端口配置模式。

默认情况：所有端口默认属于 VLAN 1。

使用指南：一个端口同时只能加入到一个 VLAN 里去。

命令举例：设置某 Access 端口加入 VLAN 100。

```
switch(Config)#interface ethernet 0/8
switch(Config-If)#switchport mode access
switch(Config-If)#switchport access vlan 100
switch(Config-If)#exit
```

5.switchport mode 命令

命令格式：switchport mode {access | dynamic | trunk}。

命令功能：设置交换机的端口为 access 模式、dynamic 模式或者 trunk 模式。

命令参数：trunk 表示端口允许通过多个 VLAN 的流量；access 为端口只能属于一个 VLAN。

命令模式：端口配置模式。

默认情况：端口默认为 dynamic 模式。

使用指南：工作在 trunk 模式下的端口称为 trunk 端口，trunk 端口可以通过多个 VLAN 的流量，通过 trunk 端口之间的互联，可以实现不同交换机上的相同 VLAN 的互通；工作在 access 模式下的端口称为 access 端口，access 端口可以分配给一个 VLAN，并且同时只能分配给一个

VLAN。注意在 trunk 端口不允许 802.1X 认证。

命令举例：将端口 E 0/5 设置为 trunk 模式，端口 E 0/8 设置为 access 模式。

```
switch(Config)#interface ethernet 0/5
switch(Config-If)#switchport mode trunk
switch(Config-If)#exit
switch(Config)#interface ethernet 0/8
switch(Config-If)#switchport mode access
switch(Config-If)#exit
```

6.interface vlan 命令

命令格式：interface vlan <vlan-id>。

相关命令：no interface vlan <vlan-id>。

命令功能：创建一个 VLAN 接口，即创建一个交换机的三层接口；本命令的 no 操作为删除交换机的三层接口。

命令参数：<vlan-id> 是已建立的 VLAN 的 VLAN ID。

默认情况：设备出厂时没有三层接口。

命令模式：全局配置模式。

使用指南：在创建 VLAN 接口（三层接口）前，需要先配置 VLAN。使用本命令在创建 VLAN 接口（三层接口）的同时，进入 VLAN（三层接口）配置模式。在 VLAN 接口（三层接口）创建好之后，仍旧可以使用 interface vlan 命令进入三层接口模式。

命令举例：在 VLAN 1 上创建一个 VLAN 接口（三层接口）。

```
switch (Config)#interface vlan 1
switch(Config-If)#
```

◎ 任务一　　单交换机的 VLAN 配置

💻 任务明确

财务科有四台 PC，其中两台装有财务专用软件不允许访问互联网，另外两台是办公用的 PC 需要访问互联网，考虑操作安全需要，将两种 PC 划分到两个单独的网络里。因为办室里原来接入设备是一个二层交换机，所以可以利用现有的设备将交换机划分两个 VLAN 将四台 PC 分别接入不同的 VLAN 中，这样相互之间通信便可以控制。

🖳 操作步骤

按照任务要求规划网络拓扑图（见图 2-2-1-1）和 IP 及端口规划表（见表 2-2-1-1），对照如下操作提示进行相关配置。

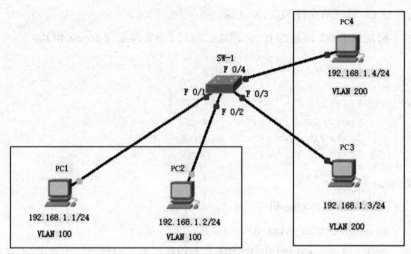

图 2-2-1-1　单交换机 VLAN 配置任务

表 2-2-1-1　IP 及端口规划表

名称	IP 地址	子网掩码	端口号	VLAN
PC1	192.168.1.1	255.255.255.0	F 0/1	VLAN 100
PC2	192.168.1.2	255.255.255.0	F 0/2	VLAN 100
PC3	192.168.1.3	255.255.255.0	F 0/3	VLAN 200
PC4	192.168.1.4	255.255.255.0	F 0/4	VLAN 200
SW-1			F 0/1, F 0/2	VLAN 100
			F 0/3, F 0/4	VLAN 200

1.PC 操作步骤

（1）设置 PC1 的 IP 为 192.168.1.1/24。

（2）设置 PC2 的 IP 为 192.168.1.2/24。

（3）设置 PC3 的 IP 为 192.168.1.3/24。

（4）设置 PC3 的 IP 为 192.168.1.4/24。

（5）按拓扑图连接 PC1、PC2、PC3、PC4 和交换机 SW-1。

2.SW-1 操作步骤

（1）设置交换机主机名为 SW-1。

（2）划分 VLAN 100 和 VLAN 200。

（3）将 F 0/1 和 F 0/2 端口划为 VLAN 100。

（4）将 F 0/3 和 F 0/4 端口划为 VLAN 200。

📖 任务落实

步骤 **1**：PC 的配置。PC1~ PC4 的 IP 地址按 PC1 的配置，所图 2-2-1-2 所示；其他 PC 分别按 IP 配置表进行配置，如表 2-2-1-1 所示。

单交换机的 VLAN 配置

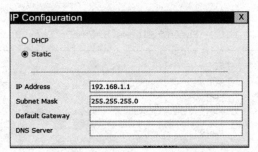

图 2-2-1-2 PC1 的 IP 地址

步骤 **2**：SW-1 的配置。

```
Switch>
Switch>enable
Switch#configure terminal
Switch(config)#hostname SW-1
SW-1(config)#vlan 100
SW-1(config-vlan)#exit
SW-1(config)#vlan 200
SW-1(config-vlan)#exit
SW-1(config)#interface F 0/1
SW-1(config-if)#switchport access vlan 100
SW-1(config-if)#exit
SW-1(config)#interface F 0/2
SW-1(config-if)#switchport access vlan 100
SW-1(config-if)#exit
SW-1(config)#int F 0/3
SW-1(config-if)#switchport access vlan 200
SW-1(config-if)#exit
SW-1(config)#int F 0/4
SW-1(config-if)#switchport access vlan 200
SW-1(config-if)#exit
```

步骤 **3**：SW-1 查看配置。

```
SW-1#show vlan
VLAN Name                          Status    Ports
---- -------------------------------- ------- -------------------------------
1    default                        active    Fa0/5, Fa0/6, Fa0/7, Fa0/8
                                              Fa0/9, Fa0/10, Fa0/11, Fa0/12
                                              Fa0/13, Fa0/14, Fa0/15, Fa0/16
                                              Fa0/17, Fa0/18, Fa0/19, Fa0/20
                                              Fa0/21, Fa0/22, Fa0/23, Fa0/24
                                              Gig1/1, Gig1/2
100  VLAN0100                       active    Fa0/1, Fa0/2
200  VLAN0200                       active    Fa0/3, Fa0/4
1002 fddi-default                   act/unsup
1003 token-ring-default             act/unsup
1004 fddinet-default                act/unsup
1005 trnet-default                  act/unsup
```

```
VLAN Type  SAID       MTU    Parent RingNo BridgeNo Stp  BrdgMode Trans1 Trans2
---- ----- ---------- -----  ------ ------ -------- ---  -------- ------ ------
1    enet  100001     1500   -      -      -        -    -        0      0
100  enet  100100     1500   -      -      -        -    -        0      0
200  enet  100200     1500   -      -      -        -    -        0      0
1002 fddi  101002     1500   -      -      -        -    -        0      0
1003 tr    101003     1500   -      -      -        -    -        0      0
1004 fdnet 101004     1500   -      -      -        ieee -        0      0
1005 trnet 101005     1500   -      -      -        ibm  -        0      0


Remote SPAN VLANs
-------------------------------------------------------------------------------


Primary Secondary Type              Ports
------- --------- ----------------- ---------------------------------------------
SW-1#
```

步骤 4：PC1 设置地址，如图 2-2-1-3 所示。

步骤 5：PC2 设置地址，如图 2-2-1-4 所示。

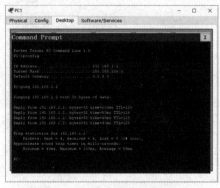

图 2-2-1-3　PC1 设置地址

图 2-2-1-4　PC2 设置地址

小贴士

（1）VALN 创建后要将相应的接口划分到 VLAN 中，如果不进行划分接口默认处在 VLAN 1 中。

（2）因为 PC 没有配置网关，所以通信属于二层模式，只有在相同 VLAN 中的 PC 才能通信。

任务总结

处于二层通信方式下，同交换机之间相同 VLAN 的 PC 之间可以通信，不同 VLAN 之间不能进行通信，本任务的 PC1 和 PC2 都划在 VLAN 100 中，它们处于相同 VLAN 可以相互通信，同理，PC3 和 PC4 都划在 VLAN 200 中，它们也可以相互通信。

任务提升

划分交换机的 VLAN，使 PC1 和 PC2 之间能够互访，PC3 与其他 PC 不能通信，拓扑图如

图 2-2-1-5 所示。

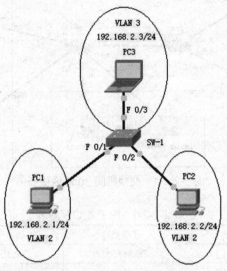

图 2-2-1-5 单交机 VLAN 配置练习

任务二 交换机间 trunk 干道通信

任务明确

学校的教务科和科研室在一个大厅里办公，教务科的 PC 连在 VLAN 100 中，科研室的 PC 接在 VLAN 200 中。因为交换机接口有限，所以采用两台交换机组网,此时应如何配置两台交换机, 才能完成功能需要?

操作步骤

按照任务要求规划网络拓扑图（见图 2-2-2-1）和 IP 及端口规划表（见表 2-2-2-1), 对照如下操作提示进行相关配置。

1.PC 操作步骤

（1）设置 PC1 的 IP 为 192.168.1.1/24。

（2）设置 PC2 的 IP 为 192.168.1.2/24。

（3）设置 PC3 的 IP 为 192.168.1.3/24。

（4）设置 PC4 的 IP 为 192.168.1.4/24。

（5）设置 PC5 的 IP 为 192.168.1.5/24。

（6）设置 PC6 的 IP 为 192.168.1.6/24。

（7）按拓扑图连接 PC1、PC2、PC3、PC4、PC5 和 PC6 交换机 SW-1、SW-2。

2.SW-1 操作步骤

（1）设置交换机主机名为 SW-1。

（2）划分 VLAN 100 和 VLAN 200。

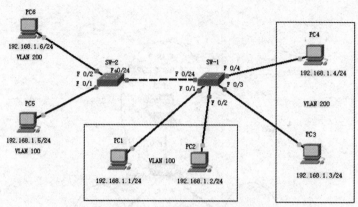

图 2-2-2-1　交换机间 trunk 通信任务

表 2-2-2-1　IP 及端口规划表

名称	IP 地址	子网掩码	端口号	VLAN
PC1	192.168.1.1	255.255.255.0	F 0/1	VLAN 100
PC2	192.168.1.2	255.255.255.0	F 0/2	VLAN 100
PC3	192.168.1.3	255.255.255.0	F 0/3	VLAN 200
PC4	192.168.1.4	255.255.255.0	F 0/4	VLAN 200
PC5	192.168.1.5	255.255.255.0	F 0/1	VLAN 100
PC6	192.168.1.6	255.255.255.0	F 0/2	VLAN 200
SW-1			F 0/1, F 0/2	VLAN 100
			F 0/3, F 0/4	VLAN 200
			F 0/24	trunk
SW-2			F 0/1	VLAN 100
			F 0/2	VLAN 200
			F 0/24	trunk

（3）将 F 0/1 和 F 0/2 端口划为 VLAN 100。

（4）将 F 0/3 和 F 0/4 端口划为 VLAN 200。

（5）将 F 0/24 端口设为 trunk 模式。

3.SW-2 操作步骤

（1）设置交换机主机名为 SW-2。

（2）划分 VLAN 100 和 VLAN 200。

（3）将 F0/1 端口划为 VLAN 100。

（4）将 F 0/2 端口划为 VLAN 200。

（5）将 F 0/24 端口设为 trunk 模式。

📖 任务落实

步骤 1：PC 的配置。

PC1~ PC4 的 IP 地址按前面的实例进行配置，具体参照 IP 配置，如表 2-2-2-1 所示。

PC5~ PC6 的 IP 地址按 IP 配置表设置，如表 2-2-2-1 所示，此处配置略。

交换机间 trunk
干道通信

步骤 2：SW-1 的配置，在任务一的基础上增加如下配置。

```
SW-1(config)#interface F 0/24
SW-1(config-if)#switchport mode trunk
SW-1(config-if)#exit
SW-1(config)#
```

步骤 3：SW-2 的配置。

```
Switch>
Switch>enable
Switch#configure terminal
Switch(config)#hostname SW-2
SW-2(config)#vlan 100
SW-2(config-vlan)#exit
SW-2(config)#vlan 200
SW-2(config-vlan)#exit
SW-2(config)#interface F 0/1
SW-2(config-if)#switchport access vlan 100
SW-2(config-if)#exit
SW-2(config)#interface F 0/2
SW-2(config-if)#switchport access vlan 200
SW-2(config-if)#exit
SW-2(config)#interface F 0/24
SW-2(config-if)#switchport mode trunk
SW-2(config-if)#exit
SW-2(config)#
```

步骤 4：PC2 的地址设置，如图 2-2-2-2 所示。

图 2-2-2-2　PC2 地址设置

步骤 5：测试连通性，PC2 访问 PC5 通，PC2 访问 PC6 不通，如图 2-2-2-3 所示。

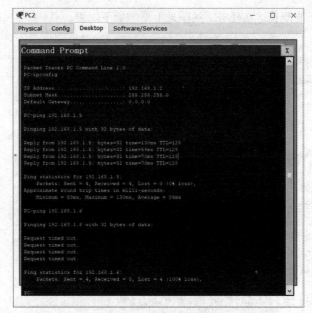

图 2-2-2-3　测试连通性

小贴士

（1）干道通信可以使用 switchport trunk allowed，允许指定的 VALN 通过。

（2）二层交换机和三层交换机的 trunk 设置方法稍有不同，三层交换机需要先对端口的 trunk 模式绑定 dot1q 协议，然后才能设置。

任务总结

从本任务中可以知道，处在不同交换机的相同 VALN 中的 PC 之间可以通信，不同 VLAN 中的 PC 之间不能通信，验证了跨交换机虚拟局域网 VLAN 的功能。

任务提升

按如图 2-2-2-4 所示拓扑图配置网络，划分交换机之间的干道并配置各交换机的 VLAN，使同 VLAN 内的 PC 可以相互通信。

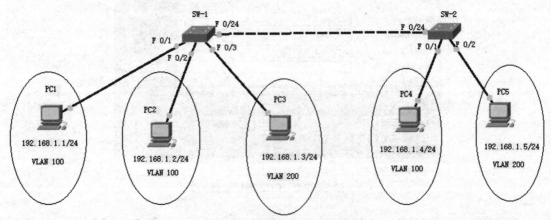

图 2-2-2-4　交换机 trunk 通信练习

任务三   VTP 管理域实验

通常情况下，我们需要在整个园区网或者企业网中的一组交换机中保持 VLAN 数据库的同步，以保证所有交换机都能从数据帧中读取相关的 VLAN 信息进行正确的数据转发，然而对于大型网络来说，可能有成百上千台交换机，而一台交换机上都可能存在几十乃至数百个 VLAN，每一次添加、修改或删除 VLAN 都需要在所有的交换机上部署，如果仅凭网络工程师手工配置的话将是一个非常大的工作量，并且也不利于日后维护。在这种情况下，我们引入了 VTP（VLAN Trunking Protocol）。

任务明确

随着学校网络的发展，需要增加多台交换机。根据各部门业务性质的不同，为了能让各交换机的 VLAN 保持相同，我们采用 VTP 域的方式进行管理。MSW-1 上面有 VLAN 100、VLAN 200、VLAN 300，SW-3 上有 VLAN 11、VLAN 22。当 SW-1 和 MSW-1 创建或删除 VLAN 时 SW-1、MSW-1、SW-2 和 SW-4 保持相同的变化，SW-3 不受影响。

操作步骤

按照任务要求规划网络拓扑图（见图 2-2-3-1），对照如下操作提示进行相关配置。

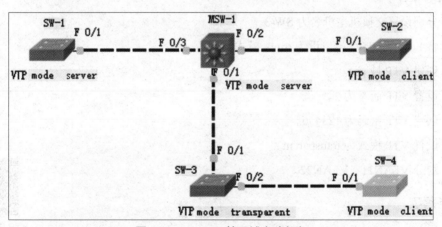

图 2-2-3-1   VTP 管理域实验任务

1.MSW-1 操作步骤

（1）设置交换机主机名为 MSW-1。

（2）将 F 0/1、F 0/2 和 F 0/3 端口设为 trunk 模式。

（3）创建 VTP 域 abc。

（4）设置 VTP 版本为 2。

（5）创建 VTP 密码为 123456。

（6）设置 VTP 模式为 server。

（7）划分 VLAN 100、VLAN 200 和 VLAN 300。

2.SW-1 操作步骤

（1）设置交换机主机名为 SW-1。

（2）将 F 0/1 端口设为 trunk 模式。

（3）创建 VTP 域 abc。

（4）设置 VTP 版本为 2。

（5）创建 VTP 密码为 123456。

（6）设置 VTP 模式为 server。

3.SW-2 和 SW-4 操作步骤

（1）分别设置交换机主机名为 SW-2 和 SW-4。

（2）将 F 0/1 端口设为 trunk 模式。

（3）创建 VTP 域 abc。

（4）设置 VTP 版本为 2。

（5）创建 VTP 密码为 123456。

（6）设置 VTP 模式为 client。

4.SW-3 操作步骤

（1）分别设置交换机主机名为 SW-3。

（2）将 F 0/1 和 F 0/2 端口设为 trunk 模式。

（3）创建 VTP 域 abc。

（4）设置 VTP 版本为 2。

（5）创建 VTP 密码为 123456。

（6）设置 VTP 模式为 transparent。

（7）划分 VLAN11、VLAN22。

📑 **任务落实**

VTP 管理域实验

步骤 1：MSW-1 的配置。

```
Switch>enable
Switch#configure terminal
Switch(config)#hostname MSW-1
MSW-1(config)# interface range fastEthernet 0/1 - fastEthernet 0/3
MSW-1 (config-if-range)# switchport trunk encapsulation dot1q
MSW-1(config-if-range)# switchport mode trunk
MSW-1(config-if-range)#exit
MSW-1(config)# vtp domain abc
MSW-1(config)# vtp version 2
MSW-1(config)# vtp password 123456
MSW-1(config)# vtp mode server
```

```
MSW-1(config)#vlan 100
MSW-1(config-vlan)#exit
MSW-1(config)#vlan 200
MSW-1(config-vlan)#exit
MSW-1(config)#vlan300
MSW-1(config-vlan)#exit
MSW-1(config)#
```

步骤 2：SW-1 的配置。

```
Switch>enable
Switch#configure terminal
Switch(config)#hostname SW-1
SW-1(config)# interface FastEthernet 0/1
SW-1(config-if)# switchport mode trunk
SW-1(config-if)#exit
SW-1(config)# vtp domain abc
SW-1(config)# vtp version 2
SW-1(config)# vtp password 123456
SW-1(config)# vtp mode server
SW-1(config)#
```

步骤 3：SW-2 的配置。

```
Switch>enable
Switch#configure terminal
Switch(config)#hostname SW-2
SW-2(config)# interface FastEthernet 0/1
SW-2(config-if)# switchport mode trunk
SW-2(config-if)#exit
SW-2(config)# vtp domain abc
SW-2(config)# vtp version 2
SW-2(config)# vtp password 123456
SW-2(config)# vtp mode client
SW-2(config)#
```

步骤 4：SW-3 的配置。

```
Switch>enable
Switch#configure terminal
Switch(config)#hostname SW-3
SW-3(config)# interface FastEthernet 0/1
SW-3(config-if)# switchport mode trunk
SW-3(config-if)#exit
SW-3(config)# vtp domain abc
SW-3(config)# vtp version 2
SW-3(config)# vtp password 123456
```

```
SW-3(config)# vtp mode transparent
SW-3(config)#vlan 11
SW-3(config-vlan)#exit
SW-3(config)#vlan 22
SW-3(config-vlan)#exit
SW-3(config)#
```

步骤 5：SW-4 的配置。

```
Switch>enable
Switch#configure terminal
Switch(config)#hostname SW-4
SW-4(config)# interface FastEthernet 0/1
SW-4(config-if)# switchport mode trunk
SW-4(config-if)#exit
SW-4(config)# vtp domain abc
SW-4(config)# vtp version 2
SW-4(config)# vtp password 123456
SW-4(config)# vtp mode client
SW-4(config)#
```

步骤 6：在 MSW-1 上创建 VLAN 400、删除 VLAN 200，观察其他交换机上 VLAN 的变化。

步骤 7：在 SW-1 上创建 VLAN 500、删除 VLAN 300，观察其他交换机上 VLAN 的变化。

步骤 8：在 SW-2 或 SW-4 上创建 VLAN、删除 VLAN，观察有什么现象。

步骤 9：在 SW-3 上创建 VLAN 33、删除 VLAN 22，观察其他交换机上 VLAN 的变化。

小贴士

在 VTP server 端创建 VLAN，VTP 客户端就可以自动学习到服务器端创建的 VLAN，而不需要自己创建 VLAN，但是注意，虽然 VTP 客户端可以自动学习 VLAN，但是将端口加入 VLAN 的动作是不可以学习的，所以在客户端需要手动将端口添加到相应的 VLAN 中。

任务总结

按任务要求配置好各交换机后，当在 MSW-1 上创建 VLAN 400 后或删除 VLAN 200，除 SW-3 外其他交换机上都自动创建了 VLAN 400 或删除 VLAN 200。当在 SW-1 上创建 VLAN 500 或删除 VLAN 300 后，除 SW-3 外其他交换机上都自动创建了 VLAN 500 或删除 VLAN 300。

SW-3 上创建 VLAN 33 或删除 VLAN 22 时其他交换机不受影响，因为 SW-2 或 SW-4 是 VTP 客户端模式，所以不能创建或删除 VLAN。

任务提升

对网络进行配置，MSW-1 设置为 VTP server 模式，SW-1 和 SW-2 设为 VTP client 模式，使各 PC1 和 PC2 之间能够互访，拓扑图如图 2-2-3-2 所示。

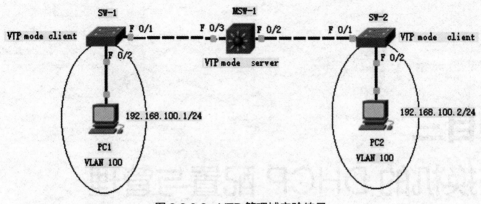

图 2-2-3-2 VTP 管理域实验练习

项目三
交换机的 DHCP 配置与管理

　　DHCP（Dynamic Host Configuration Protocol，动态主机配置协议），是 TCP/IP 协议簇中的一个协议，一般被应用于较大型的局域网络环境里，主要用途是集中管理和分配 IP 地址，让局域网络中的主机动态地取得 IP 地址、网关 Gateway 地址、DNS Server 域名解析服务器地址等信息，并且可以提高地址的使用率。其功能包括确保任何一个 IP 地址在同一时间只可以由一台 DHCP 客户机所拥有使用，可以给指定用户分配固定永久的 IP 地址等。下面一起来学习交换机上的 DHCP 配置与管理。

学习目标

　　（1）了解 DHCP 基本配置。
　　（2）掌握交换机 DHCP 高级配置。
　　（3）掌握 DHCP 服务器的配置。
　　（4）掌握 DHCP 中继的配置。

知识准备

　　大型网络一般都采用 DHCP 协议作为地址分配的方法，需要为网络布置多台 DHCP 服务器放置在网络的不同位置。为减轻网络管理员和用户的配置负担，可以将支持 DHCP 的交换机配置成 DHCP 服务器。

　　本项目相关 DHCP 的配置命令有 ip dhcp pool、default-router、network、dns-server、ip dhcp excluded-address。为了方便开展后面任务的学习，将所涉及的命令进行详细讲解。

　　1.ip dhcp pool 命令

　　命令格式：ip dhcp pool <name>。

　　相关命令：no ip dhcp pool <name>。

　　命令功能：配置 DHCP 地址池，进入 DHCP 地址池模式；本命令的 no 操作为删除该地址池。

　　命令参数：<name> 为地址池名，最长不超过 255 个字符。

　　命令模式：全局配置模式。

　　使用指南：在全局模式下定义一个 DHCP 地址池，进入到 DHCP 地址池配置模式。

命令举例：定义一个地址池，取名 abc。

```
switch(config)# ip dhcp pool abc
switch(dhcp-config)#
```

2.network 命令

命令格式：network <network-number> <mask>。

相关命令：dns-server。

命令功能：配置地址池可分配的地址范围。

命令参数：<network-number> 为网络号码；<mask> 为掩码，点分十进制格式如 255.255.255.0。

命令模式：DHCP 地址池模式。

使用指南：DHCP 服务器用于动态分配 IP 地址时，使用本命令配置可分配的 IP 地址范围，一个地址池只能对应一个网段。

命令举例：地址池 abc 的可分配的地址为 192.168.1.0/24。

```
switch(config)#ip dhcp pool abc
switch (dhcp-config)#network 192.168.1.0 255.255.255.0
```

3.dns-server 命令

命令格式：dns-server <address>。

命令功能：为 DHCP 客户机配置 DNS 服务器。

命令参数：address 为 IP 地址，均为点分十进制格式。

命令模式：DHCP 地址池模式。

使用指南：模拟器只支持配置 1 个 DNS 服务器地址，真实设备能支持配置多个。

命令举例：设置 DHCP 客户机的 DNS 服务器的地址为 1.1.1.1。

```
switch(dhcp-config)#dns-server 1.1.1.1
```

4.default-router 命令

命令格式：default-router <address>。

相关命令：dns-server。

命令功能：为 DHCP 客户机配置默认网关。

命令参数：address 为 IP 地址，为点分十进制格式。

命令模式：DHCP 地址池模式。

默认情况：系统没有给 DHCP 客户机配置默认网关。

使用指南：默认网关的 IP 地址应与 DHCP 客户机的 IP 地址在一个子网网段内。

命令举例：设置 DHCP 客户机的默认网关为 192.168.1.1。

```
switch(dhcp-config)#default-router 192.168.1.1
```

5.ip dhcp excluded-address 命令

命令格式：ip dhcp excluded-address <low-address> [<high-address>]。

命令功能：排除地址池中的不用于动态分配的地址。

命令参数：<low-address> 为起始的 IP 地址；<high-address> 为结束的 IP 地址。

命令模式：全局配置模式。

默认情况：默认为仅排除单个地址。

使用指南：使用本命令可以将地址池中的一个地址或连续的几个地址排除，这些地址由系统管理员留作其他用途。

命令举例：将 10.1.1.1 到 10.1.1.10 之间的地址保留，不用于动态分配。

```
switch(config)#ip dhcp excluded-address 10.1.1.1 10.1.1.10
```

6.ip helper-address 命令

命令格式：ip helper-address <ip-address>。

相关命令：no ip helper-address <ip-address>。

命令功能：指定 DHCP 中继转发 udp 报文的目标地址；本命令的 no 操作为取消该项设置。

命令参数：<ip-address> 为 DHCP 服务器的 IP 地址。

命令模式：接口配置模式。

默认情况：DHCP 中继默认设置成转发 DHCP 广播报文的地址。

使用指南：DHCP 中继转发的服务器地址是与转发 UDP 的端口相对应的，即 DHCP 中继只转发相应 UDP 协议的报文给相应的服务器，并不是把所有 UDP 报文转发给所有的服务器。

命令举例：指定 DHCP 中继服务器 IP 为 1.1.1.1。

```
switch(config-if)#ip helper-address 1.1.1.1
```

🅟 任务一　DHCP 基本配置

🖥 任务明确

学生会有两台 PC 与一台三层交换机相连，想用交换机作为 DHCP 服务器为 PC 自动分配 IP 地址，地址范围为 192.168.1.0/24、网关为 192.168.1.1，保证 PC1 与 PC2 能正确获得 IP 并能相互通信，使用最简单的方法完成任务。

🖧 操作步骤

按照任务要求规划网络拓扑图（见图 2-3-1-1）和 IP 及端口规划表（见表 2-3-1-1），对照如下操作提示进行相关配置。

（1）SW-1 交换机 VLAN 1 的 SVI 接口地址设为 192.168.1.1/24。

（2）创建地址池 v1 网络为 192.168.1.0/24、网关为 192.168.1.1。

（3）设置 PC1、PC2 的 IP 为自动获得方式。

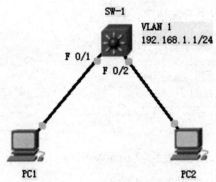

图 2-3-1-1 DHCP 基本配置任务

表 2-3-1-1 IP 及端口规划表

名称	IP 地址	子网掩码	端口号	VLAN
PC1	自动获取	自动获取	F 0/1	VLAN 1
PC2	自动获取	自动获取	F 0/2	VLAN 1
SW-1	192.168.1.1	255.255.255.0		VLAN 1

任务落实

步骤 **1**：PC 的配置。PC1 和 PC2 的 IP 地址设置为 DHCP 方式，如图 2-3-1-2 所示。

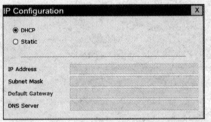

图 2-3-1-2 DHCP 方式获得 IP 地址

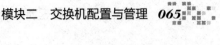

DHCP 基本配置

步骤 **2**：SW-1 的配置。

```
Switch>
Switch>enable
Switch#configure terminal
Switch(config)#hostname SW-1
SW-1 (config)# int vlan 1
SW-1 (config-if)#ip add 192.168.1.1 255.255.255.0
SW-1 (config-if)#no shutdown
SW-1 (config-if)#exit
SW-1 (config)#ip dhcp pool v1
SW-1 (dhcp-config)#network 192.168.1.0 255.255.255.0
SW-1 (dhcp-config)#default-router 192.168.1.1
SW-1 (dhcp-config)#exit
SW-1 (config)#
```

步骤 3：SW-1 查看 DHCP 分配情况。

```
SW-1# show ip dhcp binding
IP address          Client-ID/              Lease expiration        Type
                    Hardware address
192.168.1.2         000D.BD50.8830          --                      Automatic
192.168.1.3         000A.F3E7.BE5E          --                      Automatic
SW-1#
```

步骤 4：PC1 分配的 IP，如图 2-3-1-3 所示。

步骤 5：PC2 分配的 IP，如图 2-3-1-4 所示。

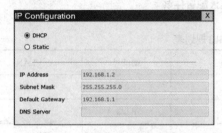

图 2-3-1-3　PC1 获得 IP 地址

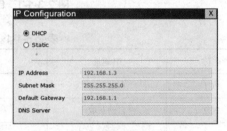

图 2-3-1-4　PC2 获得 IP 地址

步骤 6：PC1 与 PC2 连通测试结果，如图 2-3-1-5 所示。

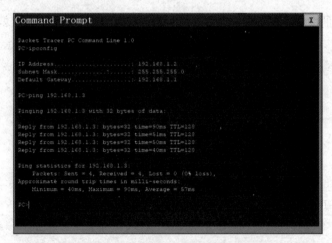

图 2-3-1-5　PC1 与 PC2 测试结果

小贴士

（1）本例力求最简化，所以 PC1 和 PC2 都保持在默认的 VLAN 1 中，如果不是默认的 VLAN，需要将 PC 所在的接口划分到相应的 VLAN 中。

（2）注意 PC1 和 PC2 所在的 VLAN 的 SVI 接口地址应与 network 网络保持一致。

任务总结

本任务中使用三层交换机作为 DHCP 服务器，在配置交换机时使用了很少的命令就完成了任务，可见交换机设置 DHCP 服务器非常简单方便。DHCP 还有很多命令没有展示出来，请读者对照本例题认真完成练习，体会 DHCP 的应用技巧。

任务提升

搭建网络配置交换机 SW-1 的 VLAN 20 的 SVI 接口地址设为 192.168.20.1/24、配置 DHCP 服务器地址池 v20，设置网络为 192.168.20.0/24、网关为 192.168.20.1，设置 PC1、PC2、PC3 的 IP 为自动获得方式。使 PC1、PC2 能自动获得 IP 并能相互通信，判断 PC3 能否获得 IP 并分析原因。拓扑图如图 2-3-1-6 所示。

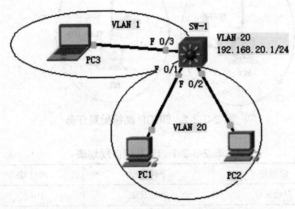

图 2-3-1-6   DHCP 基本配置练习

🎯 任务二   DHCP 高级配置

💻 任务明确

学生会因为房间布局发生了变化，在原有的网络结构中又增了一台二层交换机，学习部的两台 PC 不在一台交换机里，但要求它们都划在 VLAN 100 中，生活部的另一台 PC 在 VLAN 200 里，三台 PC 都用 SW-1 交换机作为 DHCP 服务器为 PC 自动分配 IP 地址。学习部的 PC 地址范围为 192.168.100.0/24、网关为 192.168.100.1；生活部 PC 地址范围为 192.168.200.0/24、网关为 192.168.200.1，保证 PC1 与 PC2 能正确获得 IP 并能相互通信，PC3 能正确获得地址，并能与 PC1 与 PC2 相互通信，使用最简单的方法完成任务。

🖧 操作步骤

按照任务要求规划网络拓扑图（见图 2-3-2-1）和 IP 及端口规划表（见表 2-3-2-1），对照如下操作提示进行相关配置。

1. PC 操作步骤

设置 PC1、PC2、PC3 的 IP 为 DHCP 自动获取方式。

2. MSW-1 操作步骤

（1）创建 VLAN 100 和 VLAN 200，将 F 0/1 划入 VLAN 100。

（2）VLAN 100 的 SVI 接口地址设为 192.168.100.1/24。

（3）VLAN 200 的 SVI 接口地址设为 192.168.200.1/24。

（4）创建地址池 v100。

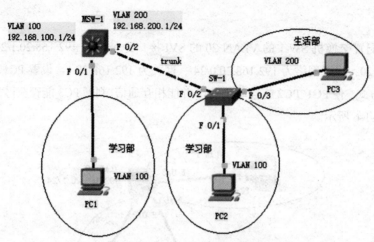

图 2-3-2-1   DHCP 高级配置任务

表 2-3-2-1   IP 及端口规划表

名称	IP 地址	子网掩码	端口号	VLAN
PC1	自动获取	自动获取	F 0/1	VLAN 100
PC2	自动获取	自动获取	F 0/1	VLAN 100
PC3	自动获取	自动获取	F 0/3	VLAN 200
MSW-1	192.168.100.1	255.255.255.0	F 0/1	VLAN 100
	192.168.200.1	255.255.255.0		VLAN 200
			F 0/2	trunk
SW-1			F 0/1	VLAN 100
			F 0/2	trunk
			F 0/3	VLAN 200

（5）设置地址池网络为 192.168.100.0/24。

（6）设置地址池网关为 192.168.100.1。

（7）设置地址池 DNS 为 1.1.1.1。

（8）创建地址池 v200。

（9）设置地址池网络为 192.168.200.0/24。

（10）设置地址池网关为 192.168.200.1。

（11）设置地址池 DNS 为 2.2.2.2。

3.SW-1 操作步骤

（1）设置 MSW-1 和 SW-1 之间连接线路为 trunk 方式。

（2）创建 VLAN 100 和 VLAN 200，将 F 0/1 划入 VLAN 100，将 F 0/2 划入 VLAN 200。

📖 任务落实

步骤 1：PC 的配置。PC1、PC2、PC3 的 IP 地址按照 IP 及端口规划表配置为 DHCP 自动获取方式，如图 2-3-2-2 所示。

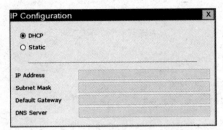

DHCP 高级配置

图 2-3-2-2 PC 设为 DHCP 自动获取 IP 方式

步骤 2 ：MSW-1 的配置。

```
Switch>
Switch>enable
Switch#configure terminal
Switch(config)#hostname MSW-1
MSW-1(config)#vlan 100
MSW-1 (config-vlan)#exit
MSW-1(config)#int f 0/1
MSW-1(config-if)# switchport access vlan 100
MSW-1(config-if)#exit
MSW-1(config)#vlan 200
MSW-1 (config-vlan)#exit
MSW-1(config)# interface vlan 100
MSW-1(config-if)# ip add 192.168.100.1 255.255.255.0
MSW-1(config-if)#exit
MSW-1(config)# interface vlan 200
MSW-1(config-if)# ip add 192.168.200.1 255.255.255.0
MSW-1(config-if)#exit
MSW-1(config)#interface f 0/2
MSW-1(config-if)# switchport trunk encapsulation dot1q
MSW-1(config-if)#switchport mode trunk
MSW-1(config-if)#exit
MSW-1(config)# ip dhcp pool v100
MSW-1(dhcp-config)# network 192.168.100.0 255.255.255.0
MSW-1(dhcp-config)# default-router 192.168.100.1
MSW-1(dhcp-config)# dns-server 1.1.1.1
MSW-1(dhcp-config)# exit
MSW-1(config)# ip dhcp pool v200
MSW-1(dhcp-config)# network 192.168.200.0 255.255.255.0
MSW-1(dhcp-config)# default-router 192.168.200.1
MSW-1(dhcp-config)# dns-server 2.2.2.2
```

步骤 3 ：SW-1 的配置。

```
Switch>
Switch>enable
Switch#configure terminal
Switch(config)#hostname SW-1
```

```
SW-1(config)#vlan 100
SW-1(config-vlan)#exit
SW-1(config)#vlan 200
SW-1(config-vlan)#exit
SW-1(config)#interface f 0/1
SW-1(config-if)#switchport access vlan 100
SW-1(config-if)#exit
SW-1(config)#interface f 0/3
SW-1(config-if)#switchport access vlan 200
SW-1(config-if)#exit
SW-1(config)#interface f 0/2
SW-1(config-if)#switchport mode trunk
SW-1(config-if)#exit
SW-1(config)#
```

步骤 4：PC1 获得的地址，如图 2-3-2-3 所示。

步骤 5：PC2 获得的地址，如图 2-3-2-4 所示。

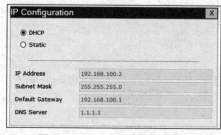

图 2-3-2-3　PC1 获得 IP 地址

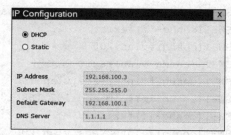

图 2-3-2-4　PC2 获得 IP 地址

步骤 6：PC3 获得的地址，如图 2-3-2-5 所示。

步骤 7：测试连通性，PC1 访问 PC3 通，如图 2-3-2-6 所示。

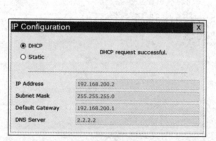

图 2-3-2-5　PC3 获得 IP 地址

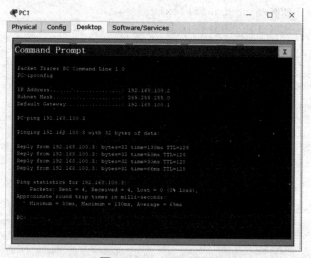

图 2-3-2-6　PC1 访问 PC3

小贴士

（1）交换机有多个 DHCP 服务器的情况下，分配是按 VLAN 接口 IP 划分的，当接口网络与 DHCP 地址池网络相同时，分配地址池中的 IP 给所在 VLAN 中设备。

（2）真实设备的 DHCP 地址池命令还有很多，因为是模拟器，所以现在只有常用的命令可以使用，如果要进一步练习请使用真实设备操作。

任务总结

本任务 PC1、PC2 能自动获得 192.168.100.0 网络的 IP，并能相互通信，PC3 也能自动获得 192.168.200.0 网络的 IP，任务中可以知道，处在不同 VLAN 中的 PC 请求 DHCP 服务时是按 VLAN 接口的网络分配的，如果 VLAN 的 SVI 接口地址没有配置，PC 就没办法获得 DHCP 的提供 IP。

任务提升

按任务实例，再增加一台二层交换机，将生活部的一台 PC 接到 SW-1 的 VLAN 200 里，学习部的两台 PC 分别接入 MSW-1 和 SW-2 的 VLAN 100 中，三台 PC 都用 MSW-1 交换机作为 DHCP 服务器为 PC 自动分配 IP 地址。学习部的 PC 地址范围为 192.168.100.0/24、网关为 192.168.100.1；生活部 PC 地址范围为 192.168.200.0/24、网关为 192.168.200.1。保证 PC1 与 PC2 能正确获得 IP 并能相互通信，PC3 能正确获得地址，但不与 PC1 与 PC2 相互通信，拓扑图如图 2-3-2-7 所示。

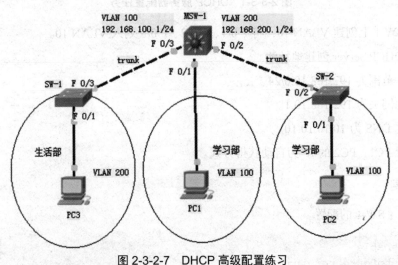

图 2-3-2-7　DHCP 高级配置练习

◎ 任务三　DHCP 服务器

DHCP 动态主机配置协议是一个局域网的网络协议，指的是由服务器控制一段 IP 地址范围，客户机登录服务器时就可以自动获得服务器分配的 IP 地址和子网掩码。DHCP 服务器可以是交换机也可以是专用的 PC 服务器，本任务主要是用模拟 Windows 系统的计算机作 DHCP 服务器配置。

任务明确

工作室刚成立，网络负载不大，因为三层交换机造价较高，考虑经费问题，所以只用一台二层交换机搭建网络即可。为了使网络中的计算机能自动获得 IP 地址，临时采用一台旧服务器作 DHCP 服务，为接入网络的计算机分配 IP，要求：PC1、PC2 能自动获得 192.168.10.0 网络的 IP 并能相互通信。

操作步骤

按照任务要求规划网络拓扑图（见图 2-3-3-1），对照如下操作提示进行相关配置。

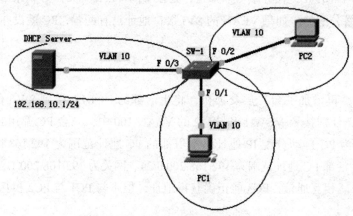

图 2-3-3-1　DHCP 服务器配置任务

（1）在 SW-1 上创建 VLAN 10，将 F 0/1、F 0/2、F 0/3 划入 VLAN 10。

（2）在 DHCP Server 创建地址池。

①地址池范围为 192.168.10.0/24。

②地址池网关为 192.168.10.1。

③地址池 DNS 为 10.10.10.10。

（3）设置 PC1、PC2 的 IP 为自动获得方式。

任务落实

步骤 **1**：SW-1 的配置。

```
Switch>enable
Switch#configure terminal
Switch(config)#hostname SW-1
SW-1(config)#vlan 10
SW-1(config-vlan)#exit
SW-1(config)# interface range FastEthernet 0/1 - FastEthernet 0/3
SW-1(config-if-range)# switchport access vlan 10
SW-1(config-if-range)#exit
SW-1(config)#
```

DHCP 服务器

步骤 2：DHCP Server IP 配置，如图 2-3-3-2 所示。

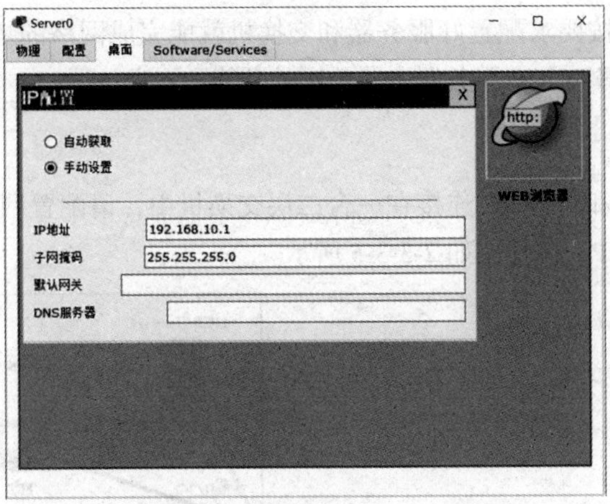

图 2-3-3-2　DHCP Server IP 配置

步骤 3：DHCP Server 服务配置，如图 2-3-3-3 所示。

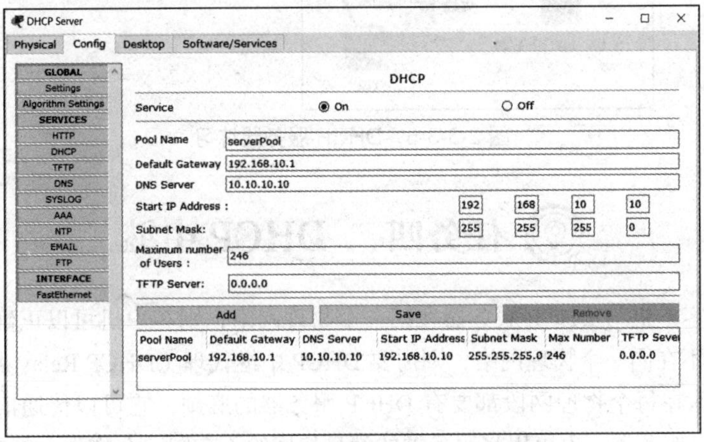

图 2-3-3-3　DHCP Server 服务配置

步骤 4：PC 的配置，PC1 和 PC2 设置为自动获取 IP，如图 2-3-3-4 所示。

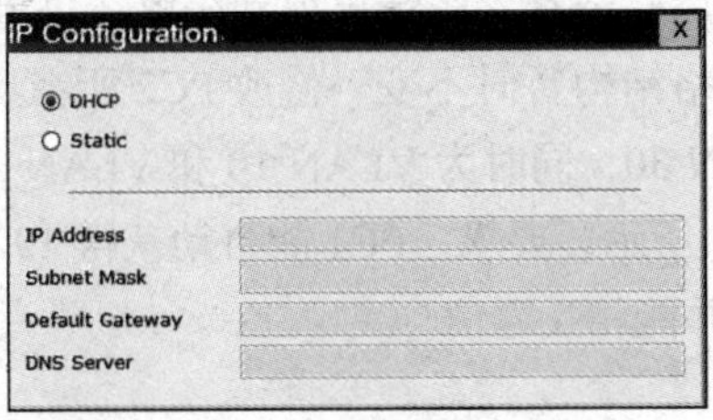

图 2-3-3-4　PC 设置为自动获取 IP

小贴士

模拟器上的 DHCP 服务提供了简单的设置选项，与真实的服务器有一些差别，虽然不能完全一致，但可以满足模拟练习效果。默认的 DHCP 地址池是不能删除的，只能修改其中的各项参数，如果需要多个地址池，可以单击 ADD 按钮增加，新增的地址池可以进行删改。

任务总结

本任务相对简单，按要求配置好服务器和交换机就能完成网络的搭建。交换机的知识都是前面学习过的，注意理解 DHCP 服务器中各选项的功能和含义。

任务提升

两台 DHCP 服务器和两台 PC 连接在一台二层交换机中，请配置网络使 PC1 和 PC2 能分别从相对应的服务器分配 IP，拓扑图如 2-3-3-5 所示。

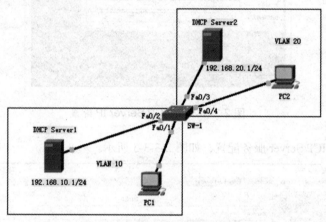

图 2-3-3-5 DHCP 服务器练习

任务四   DHCP 中继

如果 DHCP 客户机与 DHCP 服务器在同一个物理网络，则客户机可以正确地获得动态分配的 IP 地址。如果不在同一个物理网络，则需要 DHCP 中继代理（DHCP Relay Agent）。用 DHCP 中继代理可以免除在每个物理网段都要有 DHCP 服务器的麻烦，它可以传递消息到不在同一个物理子网的 DHCP 服务器，也可以将服务器的消息传回给不在同一个物理子网的 DHCP 客户机。

任务明确

工作室开展业务一段时间后，经费紧张情况得到缓解，决定先采购一台三层交换机，替换掉原来的二层交换机，其他网络结构暂时不变。修改 PC2 所在虚拟局域网为 VLAN 20，DHCP 服务器所在虚拟局域网为 VLAN 30，同时为 VLAN 10 和 VLAN 20 提供服务，为接入网络的 PC 分配 IP，网络拓扑如图 2-3-4-1 所示，要求：PC1 能自动获得 192.168.10.0 网络的 IP；PC2 能自动获得 192.168.20.0 网络的 IP 并能相互通信。

操作步骤

按照任务要求规划网络拓扑图（见图 2-3-4-1），对照如下操作提示进行相关配置。

操作步骤如下：

（1）在 MSW-1 上创建 VLAN 10、VLAN 20、VLAN 30，将 F 0/1 划入 VLAN 10、F 0/2 划入 VLAN 20、F 0/3 划入 VLAN 30。

①创建 VLAN 10 的 SVI 接口 IP：192.168.10.1/24。

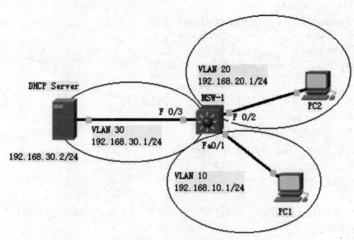

图 2-3-4-1　DHCP 中继任务

②创建 VLAN 20 的 SVI 接口 IP：192.168.20.1/24。

③创建 VLAN 30 的 SVI 接口 IP：192.168.30.1/24。

④设置 VLAN 10 的 SVI 接口的 DHCP 中继地址为 192.168.30.2。

⑤设置 VLAN 20 的 SVI 接口的 DHCP 中继地址为 192.168.30.2。

⑥开启 VLAN 间路由。

（2）在 DHCP Server 设置地址池 ServerPool 范围为 192.168.10.10/24、网关为 192.168.10.1、DNS 为 10.10.10.10。

（3）在 DHCP Server 创建地址 server 01 池范围为 192.168.20.10/24、网关为 192.168.20.1、DNS 为 20.20.20.20。

（4）设置 DHCP Server 的 IP 为 192.168.30.2/24。

（5）设置 PC1、PC2 的 IP 为自动获得方式。

📖 任务落实

DHCP 中继

步骤 **1**：MSW-1 的配置。

```
Switch>enable
Switch#configure terminal
Switch(config)#hostname MSW-1
MSW-1(config)#vlan 10
MSW-1(config-vlan)#exit
MSW-1(config)#vlan 20
MSW-1(config-vlan)#exit
MSW-1(config)#vlan 30
MSW-1(config-vlan)#exit
MSW-1(config)# interface FastEthernet 0/1
MSW-1(config-if)# switchport access vlan 10
MSW-1(config-if)#exit
MSW-1(config)# interface FastEthernet 0/2
MSW-1(config-if)# switchport access vlan 20
MSW-1(config-if)#exit
```

```
MSW-1(config)# interface FastEthernet 0/3
MSW-1(config-if)# switchport access vlan 30
MSW-1(config-if)#exit
MSW-1(config)# interface vlan 10
MSW-1(config-if)#ip address 192.168.10.1  255.255.255.0
MSW-1(config-if)#ip helper-address 192.168.30.2
MSE-1(config-if)#exit
MSW-1(config)# interface vlan 20
MSW-1(config-if)#ip address 192.168.20.1  255.255.255.0
MSW-1(config-if)#ip helper-address 192.168.30.2
MSW-1(config-if)#exit
MSW-1(config)# interface vlan 30
MSW-1(config-if)#ip address 192.168.30.1  255.255.255.0
MSW-1(config-if)#exit
MSW-1(config)#ip routing
```

步骤 2：DHCP Server IP 配置，如图 2-3-4-2 所示。

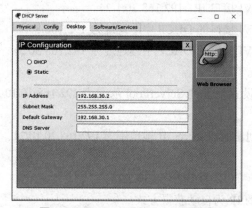

图 2-3-4-2　DHCP Server IP 配置

步骤 3：DHCP Server 服务配置，如图 2-3-4-3 所示。

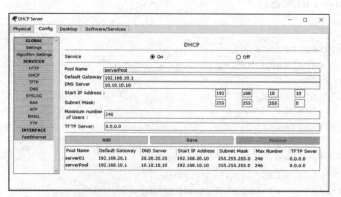

图 2-3-4-3　DHCP Server 服务配置

步骤 4：PC 配置，PC1 和 PC2 设置为自动获取 IP，如图 2-3-4-4 所示。

步骤 5：PC 间测试连通性，如图 2-3-4-5 所示。

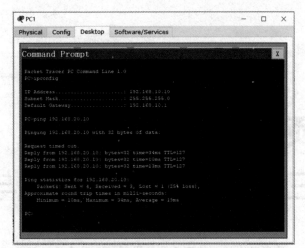

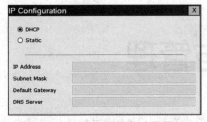

图 2-3-4-4　PC 设置自动获得 IP　　　　图 2-3-4-5　PC 间测试连通性

小贴士

（1）模拟器上的 DHCP 服务可以进行多个地址池设置，单击 ADD 按钮增加，新增的地址池可以进行删改。

（2）对于三层交换机，如果想使不同 VLAN 之间通信息，需要开启 VLAN 间路由。

任务总结

本任务主要练习 DHCP 中继代理，当网络中 DHCP 服务器与需要分配 IP 的客户端不在同一网络中时，需要设置 DHCP 中继代理，对于三层交换机如果 VLAN 之间要进行通信，还需要开启 VLAN 间路由。

任务提升

网络由一台 DHCP 服务器、一台三层交换机和一台二层交换机组成，请按要求配置网络并在适当的位置配置 DHCP 中继，使 PC1 能自动获得 192.168.10.0 网络的 IP，并能与 PC2 通信，PC2 能自动获得 192.168.20.0 网络的 IP，并能与 PC1 通信，拓扑图如图 2-3-4-6 所示。

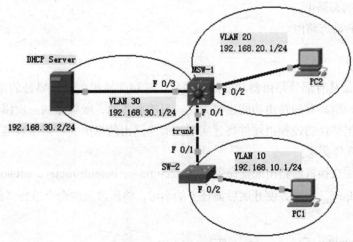

图 2-3-4-6　DHCP 中继练习

项目四
三层交换机路由配置与管理

早期网络核心的设备是路由器，但是由于二层转发能力有限，VALN 间的通信由路由器来实现功能，可是作为网络核心设备必须具备高速的转发能力，且路由器提供的以太网接口过于少，所以三层交换机取代了路由器在局域网的的核心地位。

三层交换机是面向 IP 交换设计的，拥有很强的二层包处理能力，所以适用于大型局域网。为了减小广播风暴的危害，需要把大型局域网按功能或地域等因素划分成很多的小局域网，也就是划分为许多的小网段，这样会导致不同网段之间存在大量的互访。单纯使用二层交换机没办法实现网间的互访，而单纯使用路由器，则由于端口数量有限，路由速度较慢，从而限制了网络的规模和访问速度，所以这种环境下，由二层交换技术和路由技术有机结合产生了三层交换机。

三层交换机非常适用于数据交换频繁的局域网，它的路由功能通常比较简单，因为它所面对的主要是局域网连接。在局域网中的主要用途还是提供快速数据交换功能，满足局域网频繁的数据交换应用。

学习目标

（1）掌握 VLAN 间路由。
（2）掌握静态路由与默认路由。
（3）掌握 RIP 动态路由。
（4）掌握 OSPF 动态路由。

知识准备

三层交换机就是具有部分路由器功能的交换机，三层交换机的最重要目的是加快大型局域网内部的数据交换，所具有的路由功能也是为这一目的服务的，能够做到一次路由，多次转发。对于数据包转发等规律性的过程由硬件高速实现，而像路由信息更新、路由表维护、路由计算、路由确定等功能由软件实现。

本项目相关三层交换机的路由配置命令有 ip dhcp pool、default-router、network、dns-server、ip dhcp excluded-address。为了方便开展后面任务的学习，将所涉及的命令进行详细讲解。

1.ip routing 命令

命令格式：ip routing。

相关命令：no ip routing。

命令功能：启用 IP 路由功能。

命令模式：全局配置模式。

使用指南：交换机的 IP 路由功能是默认关闭的，如果 VLAN 间需要 IP 路由，要使用命令 ip routing 开启 IP 路由功能。

命令举例：开启交换机的 IP 路由功能。

```
switch(config)# ip routing
switch(config)#
```

2.no switchport 命令

命令格式：no switchport <parameterk>。

相关命令：switchport。

命令功能：配置接口为三层模式。

命令参数：<parameterk> 为参数列表，有很多可选项。

命令模式：端口配置模式。

使用指南：交换机的端口默认为二层模式，如果想启用三层 IP 数据转发，就需开启端口为三层模式，可以使用 no switchport 命令进行转换，反之使用 switchport 命令可以回二层端口。

命令举例：将 FastEthernet 0/1 端口转换为三层模式。

```
switch(config)# int FastEthernet 0/1
switch (config-if)#no switchport
```

3.ip route 命令

命令格式：ip route <ip_address> <prefix mask> <gateway> [<preference>]。

相关命令：no ip route <ip_address> <prefix mask> <gateway> [<preference>]。

命令功能：配置静态路由；本命令的 no 操作为删除静态路由。

命令参数：<ip_address> 和 <prefix mask> 分别为目的 IP 地址和前缀子网掩码，点分十进制格式；<gateway> 为下一跳的 IP 地址，点分十进制格式；<preference> 为路由优先级，取值范围为 1 ~ 255，preference 的值越小，优先级越高。

命令模式：全局配置模式。

使用指南：在配置静态路由的下一跳时，可采用指定路由数据包发送下一跳 IP 地址方式。在不改变各种路由优先级值的情况下，直连路由优先级最高，依次是静态路由、EBGP、OSPF、RIP、IBGP。

命令举例：添加一条静态路由和一条默认路由。

```
switch(config)#ip route 192.168.1.0 255.255.255.0 192.168.10.5
switch(config)#ip route 0.0.0.0 0.0.0.0 192.168.10.1
```

4.show ip route 命令

命令格式：show ip route [protocol {connected | static | rip| ospf | bgp }]。

命令功能：显示路由表。

命令参数：connected 为直连路由；static 为静态路由；rip 为 RIP 路由；ospf 为 OSPF 路由；bgp 为 BGP 路由。

命令模式：特权用户配置模式。

使用指南：显示核心路由表的内容，包括路由类型、目的网络、掩码、下一跳地址、接口等。

命令举例：显示交换机当前路由表。

```
switch# show ip route
```

5.router rip 命令

命令格式：router rip。

命令功能：开启 RIP 路由进程并进入 RIP 配置模式；本命令的 no 操作为关闭 RIP 路由协议。

命令模式：全局配置模式。

默认情况：不运行 RIP 路由。

使用指南：本命令是 RIP 路由协议的启动开关，进行 RIP 协议的其他配置要先打开本命令。

命令举例：启动 RIP 协议配置模式。

```
switch(config)#router rip
switch (config-router)#
```

6.version 命令

命令格式：version {1 | 2}。

相关命令：no version。

命令功能：设置所有路由器接口发送或接收 RIP 数据包的版本；no 操作恢复默认设置。

命令参数：1 为 rip 版本 1；2 为 rip 版本 2。

命令模式：RIP 协议配置模式

默认情况：默认情况下，发送接收 RIP-I 数据包。

使用指南：表示三层交换机各接口只发送、接收 RIP-I 数据包，2 表示三层交换机各接口只发送、接收 RIP-II 数据包。

命令举例：设置该交换机接口发送、接收 RIP 数据包的版本为 2。

```
switch(config)#router rip
switch (config-router)# version 2
switch (config-router)#
```

7.network（RIP）命令

命令格式：network <A.B.C.D >。

相关命令：no network <A.B.C.D >。

命令功能：配置运行 RIP 协议的网络。

命令参数：<A.B.C.D > 是有类网络。

命令模式：RIP 协议配置模式。

默认情况：网络不运行 RIP 协议。

使用指南：使用本命令配置发送或接收 RIP 更新报文的网络。如果不配置网络，则网络所属的接口都不能发送与接收数据报。

命令举例：配置运行 RIP 协议的网络 192.168.1.0。

```
switch(config)#router rip
switch (config-router)# network 192.168.1.0
switch (config-router)#
```

8.passive-interface 命令

命令格式：passive-interface <ifname>。

相关命令：no passive-interface <ifname>。

命令功能：指示 RIP 三层交换机在指定的接口上阻塞 RIP 广播，只能向配置了 neighbor 的三层交换机接口发送 RIP 数据包；本命令的 no 操作取消该功能。

命令参数：<ifname> 是具体的接口名。

命令模式：RIP 协议配置模式。

默认情况：默认不配置。

使用指南：使用本命令可以配置特定端口只被动接收 RIP 更新报文，不能发送 RIP 更新报文。

命令举例：配置 FastEthernet 0/1 为 RIP 被动端口。

```
switch(config)#router rip
switch (config-router)# passive-interface FastEthernet 0/1
switch (config-router)#
```

9.router ospf 命令

命令格式：router ospf <Process id>。

相关命令：no router ospf <Process id>。

命令功能：启动 OSPF 协议，开启后进入 OSPF 模式；本命令的 no 操作为关闭 OSPF 协议。

命令参数：< Process id > 是 OSPF 进程号。

命令模式：全局配置模式。

默认情况：系统默认不运行 OSPF 协议。

使用指南：使用本命令运行或终止 OSPF 协议。有关 OSPF 的配置，只有在系统运行了 OSPF 后才能生效。

命令举例：配置本交换机运行 OSPF 进程号为 1。

```
switch(config)#router ospf 1
switch (config-router)#
```

10.network（OSPF）命令

命令格式：network <network>< wildcard-mask > area <area_id>。

相关命令：no network <network> < wildcard-mask > area <area_id>

命令功能：为三层交换机的各个网络定义所属区域。

命令参数：<network> 和 < wildcard-mask > 为网络 IP 地址和地址通配符位，点分十进制格式；<area_id> 为区域号，取值范围 0 ~ 4294967295。

命令模式：OSPF 协议配置模式。

默认情况：系统默认没有配置网络所属的区域。

使用指南：一旦将某一网络的范围加入到区域中，所有该网络的内部路由都不再被独立地广播到别的区域，而只是广播整个网络范围路由的摘要信息。引入网络范围和对该范围的限定，可以减少区域间路由信息的交流量。

命令举例：配置 OSPF 协议定义网络范围 192.168.1.0 0.0.0.255 加入到区域 0 中。

```
switch(config)#router ospf 1
switch (config-router)# network 192.168.1.0 0.0.0.255 area 0
switch (config-router)#
```

任务一　　VLAN 间路由

任务明确

学校教学管理部门由教务处和教研室两部分组成，教务处有两台 PC 划分到 VLAN 20 中，教研室有两台 PC 划分的 VLAN 10 中。四台 PC 与一台三层交换机相连，为了传递资料方便，想让四台 PC 都能相互能访问，按如图 2-4-1-1 所示的拓扑图连接，使用最简单的方法完成任务。

操作步骤

按照任务要求规划网络拓扑图（见图 2-4-1-1）和 IP 及端口规划表（见表 2-4-1-1），对照如下操作提示进行相关配置。

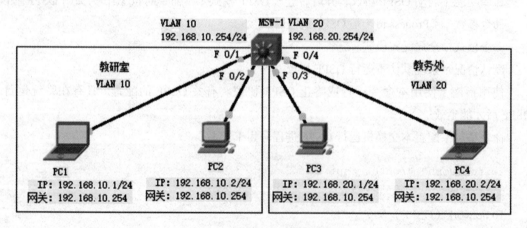

图 2-4-1-1　VLAN 间路由任务

表 2-4-1-1 IP 及端口规划表

名称	IP 地址	子网掩码	端口号	网关	VLAN
MSW-1	192.168.10.254	255.255.255.0			VLAN 10
	192.168.20.254	255.255.255.0			VLAN 20
PC1	192.168.10.1	255.255.255.0	F 0/1	192.168.10.254	VLAN 10
PC2	192.168.10.2	255.255.255.0	F 0/2	192.168.10.254	VLAN 10
PC3	192.168.20.1	255.255.255.0	F 0/3	192.168.20.254	VLAN 20
PC4	192.168.20.2	255.255.255.0	F 0/4	192.168.20.254	VLAN 20

操作步骤

（1）在 MSW-1 上创建 VLAN 10、VLAN 20。

（2）将 F 0/1 和 F 0/2 划入 VLAN 10，F 0/2 和 F 0/3 划入 VLAN 20。

（3）创建 VLAN10 的 SVI 接口 IP：192.168.10.254/24。

（4）创建 VLAN20 的 SVI 接口 IP：192.168.20.254/24。

（5）开启 VLAN 间路由。

（6）按图设置 PC1、PC2、PC3、PC4 的 IP 地址。

任务落实

步骤 1：MSW-1 的配置。

VLAN 间路由

```
Switch>
Switch>enable
Switch#configure terminal
Switch(config)#hostname MSW-1
MSW-1 (config)#vlan 10
MSW-1 (config-vlan)#exit
MSW-1 (config)#vlan 20
MSW-1 (config-vlan)#exit
MSW-1(config)#interface range FastEthernet 0/1 - FastEthernet 0/2
MSW-1(config-if-range)#switchport access vlan 10
MSW-1(config-if-range)#exit
MSW-1(config)#interface range FastEthernet 0/3 - FastEthernet 0/4
MSW-1(config-if-range)#switchport access vlan 20
MSW-1(config-if-range)#exit
MSW-1 (config)# int vlan 10
MSW-1 (config-if)#ip add 192.168.10.254 255.255.255.0
MSW-1 (config-if)#exit
MSW-1 (config)# int vlan 20
MSW-1 (config-if)#ip add 192.168.20.254 255.255.255.0
MSW-1 (config-if)#exit
MSW-1 (config)# ip routing
MSW-1 (config)#
```

步骤 2：PC1 配置的 IP 地址，如图 2-4-1-2 所示。

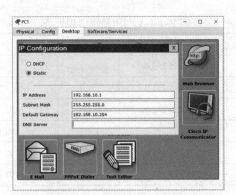

图 2-4-1-2　PC1 配置 IP 地址

步骤 3：PC2、PC3、PC4 的 IP 地址按拓扑图 2-4-1-1 要求，参照步骤 2 配置。

步骤 4：PC1 与 PC2 连通测试结果，如图 2-4-1-3 所示。

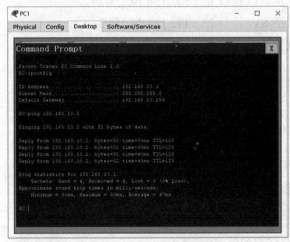

图 2-4-1-3　PC1 与 PC2 连通测试

步骤 5：PC2 与 PC3 连通测试结果，如图 2-4-1-4 所示。

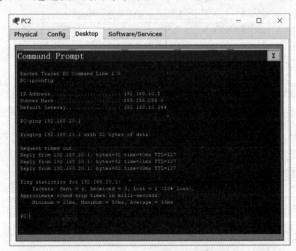

图 2-4-1-4　PC2 与 PC3 连通测试

小贴士

（1）同 VLAN 端口间通信属于二层交换，可以不用开启 VLAN 路由，同本任务相同的情况下，如果不同 VLAN 之间进行通信属于三层交换，此时需要开启 VLAN 间路由。

（2）开启 VLAN 间路由后，接入不同 VLAN 的 PC 必须设置 VLAN 的接口地址为网关才能与不同 VLAN 中的另外 PC 进行通信。

任务总结

本任务中使用三层交换机作为教务处和教研室网络的连接设备，两个科室虽然在不同的网络中，但因为三层交换机的跨 VLAN 路由功能可以使处于不同网络中的 PC 相互通信，可见三层交换机的 VLAN 间路由设置非常简单方便。如果有多个 VLAN 相互通信，只要添加 VLAN 并设置相应的端口就可以了，请读者对照本任务认真完成练习，体会 VLAN 路由的应用技巧。

任务提升

本任务中教务处因为位置变动，由原来的 302 室搬到 310 室，这样办公室的 PC 不能连接教研室里的三层交换机了，所以另外买了一台二层交换机连接本科室的两台 PC，用一条网线把二层交换机与教研室的三层交换机相连，其他的配置不变，想让四台 PC 还能相互访问，按如图 2-4-1-5 所示的拓扑图连接，使用最简单的方法完成任务。

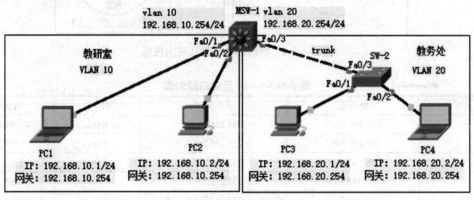

图 2-4-1-5　拓扑图

任务二　　静态路由与默认路由

任务明确

公司总部下设两个分部，总部的网络是 192.168.10.×，分部 1 的网络为 192.168.100.×，分部 2 的网络为 192.168.200.×。为了网络稳定可靠，所以总部与分部的通信采用静态路由和默认路由方式，按如图 2-4-2-1 所示的规划网络拓扑完成网络搭建。

操作步骤

按照任务要求规划网络拓扑图（见图 2-4-2-1）和 IP 及端口规划表（见表 2-4-2-1），对照如下操作提示进行相关配置。

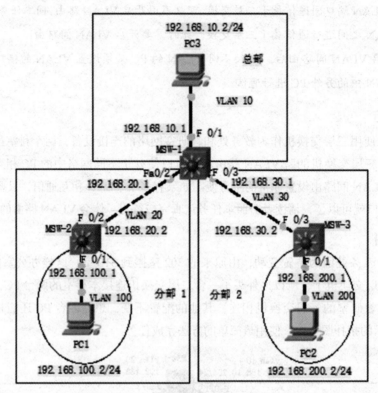

图 2-4-2-1 静态路由与默认路由任务

表 2-4-2-1 IP 及端口规划表

名称	IP 地址	子网掩码	端口号	VLAN
PC1	192.168.100.2	255.255.255.0	F 0/1	VLAN 100
PC2	192.168.200.2	255.255.255.0	F 0/1	VLAN 200
PC3	192.168.10.2	255.255.255.0	F 0/1	VLAN 10
MSW-1	192.168.10.1	255.255.255.0		VLAN 10
	192.168.20.1	255.255.255.0		VLAN 20
	192.168.30.1	255.255.255.0		VLAN 30
MSW-2	192.168.20.2	255.255.255.0		VLAN 20
	192.168.100.1	255.255.255.0		VLAN 100
MSW-3	192.168.30.2	255.255.255.0		VLAN 30
	192.168.200.1	255.255.255.0		VLAN 200

1.PC 的操作步骤

（1）设置 PC1 的 IP 为 192.168.100.2/24。

（2）设置 PC2 的 IP 为 192.168.100.2/24。

（3）设置 PC3 的 IP 为 192.168.10.2/24。

2.MSW-1 的操作步骤

（1）在 SW-1 上创建 VLAN 10、VLAN 20、VLAN 30。

（2）将 F 0/1 划入 VLAN 10、将 F 0/2 划入 VLAN 20、将 F 0/3 划入 VLAN 30。

（3）创建 VLAN 10 的 SVI 接口 IP：192.168.10.1/24。

（4）创建 VLAN 20 的 SVI 接口 IP：192.168.20.1/24。

（5）创建 VLAN 30 的 SVI 接口 IP：192.168.30.1/24。

（6）设置到 192.168.100.0 网络静态路由的下一跳地址为 192.168.20.2。

（7）设置默认路由的下一跳地址为 192.168.30.2。

（8）开启 VLAN 间路由。

3.MSW-2 的操作步骤

（1）在 MSW-2 上创建 VLAN 20、VLAN 100。

（2）将 F 0/1 划入 VLAN 100、将 F 0/2 划入 VLAN 20。

（3）创建 VLAN 100 的 SVI 接口 IP：192.168.100.1/24。

（4）创建 VLAN 20 的 SVI 接口 IP：192.168.20.2/24。

（5）设置到 192.168.10.0 网络静态路由的下一跳地址为 192.168.20.1。

（6）设置到 192.168.200.0 网络静态路由的下一跳地址为 192.168.20.1。

（7）开启 VLAN 间路由。

4.MSW-3 的操作步骤

（1）在 MSW-3 上创建 VLAN 30、VLAN 200。

（2）将 F 0/1 划入 VLAN 200、将 F 0/3 划入 VLAN 30。

（3）创建 VLAN 200 的 SVI 接口 IP：192.168.200.1/24。

（4）创建 VLAN 30 的 SVI 接口 IP：192.168.30.2/24。

（5）设置默认路由的下一跳地址为 192.168.30.1。

（6）开启 VLAN 间路由。

📖 任务落实

静态路由与
默认路由

步骤 1：PC 的配置。PC1、PC2、PC3 的 IP 地址按照 IP 及端口规划表配置，如图 2-4-2-2～图 2-4-2-4 所示。

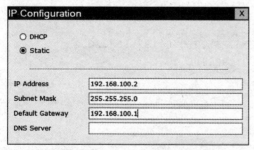

图 2-4-2-2 PC1 地址设置   图 2-4-2-3 PC2 地址设置

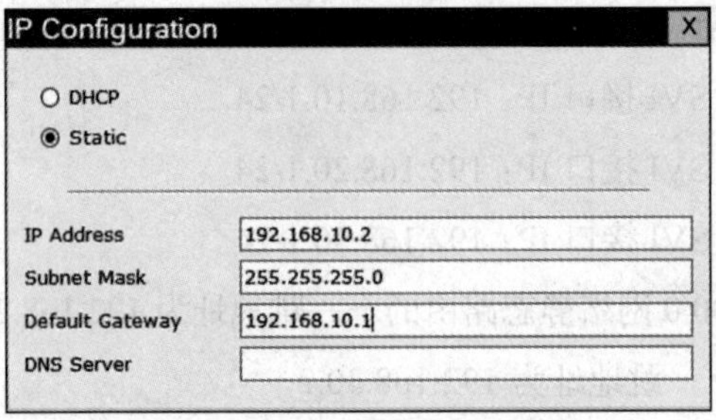

图 2-4-2-4　PC3 地址设置

步骤 **2**：MSW-1 的配置。

```
Switch>
Switch>enable
Switch#configure terminal
Switch(config)#hostname MSW-1
MSW-1(config)#vlan 10
MSW-1 (config-vlan)#exit
MSW-1(config)#vlan 20
MSW-1 (config-vlan)#exit
MSW-1(config)#vlan 30
MSW-1 (config-vlan)#exit
MSW-1(config)#int F 0/1
MSW-1(config-if)# switchport access vlan 10
MSW-1(config)#int F 0/2
MSW-1(config-if)# switchport access vlan 20
MSW-1(config)#int F 0/3
MSW-1(config-if)# switchport access vlan 30
MSW-1(config-if)#exit
MSW-1(config)# interface vlan 10
MSW-1(config-if)# ip add 192.168.10.1 255.255.255.0
MSW-1(config-if)#exit
MSW-1(config)# interface vlan 20
MSW-1(config-if)# ip add 192.168.20.1 255.255.255.0
MSW-1(config-if)#exit
MSW-1(config)# interface vlan 30
MSW-1(config-if)# ip add 192.168.30.1 255.255.255.0
MSW-1(config-if)#exit
MSW-1(config)#ip route 192.168.100.0 255.255.255.0 192.168.20.2
MSW-1(config)# ip route 0.0.0.0 0.0.0.0 192.168.30.2
MSW-1(config)#ip routing
MSW-1(config)#
```

步骤 **3**：MSW-2 的配置。

```
Switch>
Switch>enable
Switch#configure terminal
```

```
Switch(config)#hostname MSW-2
MSW-2(config)#vlan 20
MSW-2(config-vlan)#exit
MSW-2(config)#vlan 100
MSW-2(config-vlan)#exit
MSW-2(config)#interface F 0/1
MSW-2(config-if)#switchport access vlan 100
MSW-2(config-if)#exit
MSW-2(config)#interface F 0/2
MSW-2(config-if)#switchport access vlan 20
MSW-2(config-if)#exit
MSW-2(config)# interface vlan 100
MSW-2(config-if)# ip add 192.168.100.1 255.255.255.0
MSW-2(config-if)#exit
MSW-2(config)# interface vlan 20
MSW-2(config-if)# ip add 192.168.20.2 255.255.255.0
MSW-2(config-if)#exit
MSW-2(config)#ip route 192.168.10.0 255.255.255.0 192.168.20.1
MSW-2(config)#ip route 192.168.200.0 255.255.255.0 192.168.20.1
MSW-2(config)#ip routing
```

步骤 4：MSW-3 的配置。

```
Switch>
Switch>enable
Switch#configure terminal
Switch(config)#hostname MSW-3
MSW-3(config)#vlan 30
MSW-3(config-vlan)#exit
MSW-3(config)#vlan 200
MSW-3(config-vlan)#exit
MSW-3(config)#interface F 0/1
MSW-3(config-if)#switchport access vlan 200
MSW-3(config-if)#exit
MSW-3(config)#interface F 0/3
MSW-3(config-if)#switchport access vlan 30
MSW-3(config-if)#exit
MSW-3(config)# interface vlan 200
MSW-3(config-if)# ip add 192.168.200.1 255.255.255.0
MSW-3(config-if)#exit
MSW-3(config)# interface vlan 30
MSW-3(config-if)# ip add 192.168.30.2 255.255.255.0
MSW-3(config-if)#exit
MSW-3(config)#ip route 0.0.0.0 0.0.0.0 192.168.30.1
MSW-3(config)#ip routing
```

步骤 5：显示 MSW-1 路由表，如图 2-4-2-5 所示。

步骤 6：显示 MSW-2 路由表，如图 2-4-2-6 所示。

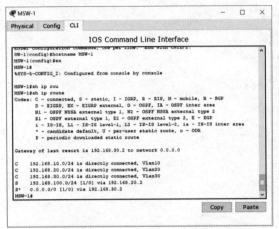

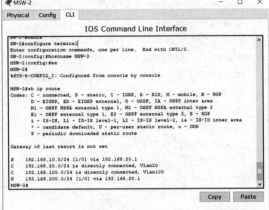

图 2-4-2-5　MSW-1 路由表　　　　　　　图 2-4-2-6　MSW-2 路由表

步骤 7：显示 MSW-3 路由表，如图 2-4-2-7 所示。

步骤 8：PC1 到 PC3 测试连通性，如图 2-4-2-8 所示。

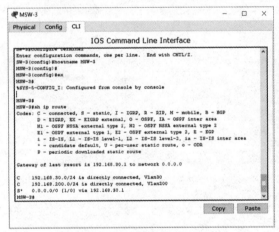

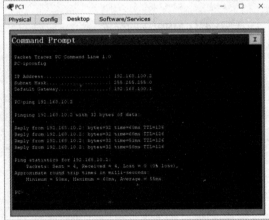

图 2-4-2-7　MSW-3 路由表　　　　　　　图 2-4-2-8　PC1 到 PC3 连通性测试

小贴士

（1）静态路由对于三层设备较少的网络之间联网或者网络比较少的情况下比较实用，如果网络比较多，使用静态路由构建网络工作量比较大，而且当网络发生变化时修改路由比较困难。

（2）默认路由是一种特殊的静态路由，指的是当路由表中与包的目的地址之间没有匹配的表项时，路由器能够按默认路由做出选择，一般情况下，默认路由配置在末端网络设备上。

任务总结

本任务 PC1、PC2、PC3 分别模拟分部 1、分部 2 和总部。使用 192.168.10.0 网络 192.168.100.0 网络和 192.168.200.0 网络，通过静态路由和默认路由互通，此任务的路由设置可以有多种设置方法。针对任务可适当修改三台交换机的路由配置，读者认真体会静态路由和默认路由的配置技巧。

任务提升

按任务的方法完成如图 2-4-2-9 所示的网络搭建，分别使用静态路由和默认路由联通网络，使 192.168.100.0/24 网络与 192.168.200.0/24 网络连通。

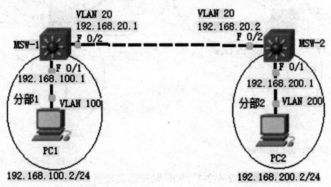

图 2-4-2-9　静态路由和默认路由练习

任务三　RIP 动态路由

RIP（Routing information Protocol，路由信息协议）是 Internet 中常用的路由协议。RIP 采用距离向量算法，即路由器根据距离选择路由，所以也称为距离向量协议。RIP 协议使用"跳数"，即 metric 来衡量到达目标地址的路由距离。RIP 使用非常广泛，它简单可靠，便于配置，很适用于小型的同构网络。

任务明确

工作室网络由三台三层交换机构成，因为网络规模很小，为了配置和管理方便，全网采用了 RIP V2 动态路由协议，使全网络互通，在保证网络正常通信基础上尽量使用最简化配置，使 PC1 和 PC2 进行通信。

操作步骤

按照任务要求规划网络拓扑图（见图 2-4-3-1）和 IP 及端口规划表（见表 2-4-3-1），对照如下操作提示进行相关配置。

1. 在 MSW-1 上配置

（1）创建 VLAN 10、VLAN 20。

（2）将 F 0/1 划入 VLAN 10、将 F 0/2 划入 VLAN 20。

（3）创建 VLAN 10 的 SVI 接口 IP：192.168.10.1/24。

（4）创建 VLAN 20 的 SVI 接口 IP：192.168.20.1/24。

（5）设置动态路由为 RIP V2，network 192.168.10.0 和 network 192.168.20.0。

（6）开启 VLAN 间路由。

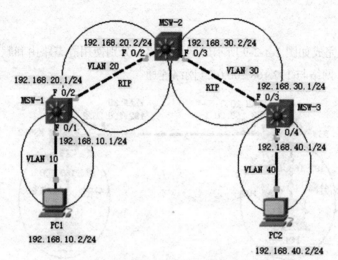

图 2-4-3-1 RIP 动态路由任务

表 2-4-3-1 IP 及端口规划表

名称	IP 地址	子网掩码	端口号	VLAN
PC1	192.168.10.2	255.255.255.0	F 0/1	VLAN 10
PC2	192.168.40.2	255.255.255.0	F 0/1	VLAN 40
MSW-1	192.168.10.1	255.255.255.0		VLAN 10
	192.168.20.1	255.255.255.0		VLAN 20
MSW-2	192.168.20.2	255.255.255.0		VLAN 20
	192.168.30.2	255.255.255.0		VLAN 30
MSW-3	192.168.30.1	255.255.255.0		VLAN 30
	192.168.40.1	255.255.255.0		VLAN 40

2. 在 MSW-2 上配置

（1）创建 VLAN 20、VLAN 30。

（2）将 F 0/2 划入 VLAN 20、将 F 0/3 划入 VLAN 30。

（3）创建 VLAN 20 的 SVI 接口 IP：192.168.20.2/24。

（4）创建 VLAN 30 的 SVI 接口 IP：192.168.30.2/24。

（5）设置动态路由为 RIP V2，network 192.168.20.0 和 network 192.168.30.0。

（6）开启 VLAN 间路由。

3. 在 MSW-3 上配置

（1）创建 VLAN 30、VLAN 40。

（2）将 F 0/4 划入 VLAN 40、将 F 0/3 划入 VLAN 30。

（3）创建 VLAN 30 的 SVI 接口 IP：192.168.30.1/24。

（4）创建 VLAN 40 的 SVI 接口 IP：192.168.40.1/24。

（5）设置动态路由为 RIP V2，network 192.168.30.0 和 network 192.168.40.0。

（6）开启 VLAN 间路由。

4.PC 的配置

（1）设置 PC1 的 IP 为 192.168.10.2/24。

（2）设置 PC2 的 IP 为 192.168.40.2/24。

RIP 动态路由

📖 任务落实

步骤 ①：MSW-1 的配置。

```
Switch>enable
Switch#configure terminal
Switch(config)#hostname MSW-1
MSW-1(config)#vlan 10
MSW-1(config-vlan)#exit
MSW-1(config)#vlan 20
MSW-1(config-vlan)#exit
MSW-1(config)# interface FastEthernet 0/1
MSW-1(config-if)# switchport access vlan 10
MSW-1(config-if)#exit
MSW-1(config)# interface FastEthernet 0/2
MSW-1(config-if)# switchport access vlan 20
MSW-1(config-if)#exit
MSW-1(config)# interface vlan 10
MSW-1(config-if)# ip add 192.168.10.1 255.255.255.0
MSW-1(config-if)#exit
MSW-1(config)# interface vlan 20
MSW-1(config-if)# ip add 192.168.20.1 255.255.255.0
MSW-1(config-if)#exit
MSW-1(config)# router rip
MSW-1 (config-router)# version 2
MSW-1 (config-router)# network 192.168.10.0
MSW-1 (config-router)# network 192.168.20.0
MSW-1 (config-router)#exit
MSW-1(config)#ip routing
MSW-1(config)#
```

步骤 ②：MSW-2 的配置。

```
Switch>enable
Switch#configure terminal
Switch(config)#hostname MSW-2
MSW-2(config)#vlan 20
MSW-2(config-vlan)#exit
MSW-2(config)#vlan 30
MSW-2(config-vlan)#exit
MSW-2(config)# interface FastEthernet 0/2
MSW-2(config-if)# switchport access vlan 20
MSW-2(config-if)#exit
MSW-2(config)# interface FastEthernet 0/3
MSW-2(config-if)# switchport access vlan 30
MSW-2(config-if)#exit
MSW-2(config)# interface vlan 20
MSW-2(config-if)# ip add 192.168.20.2 255.255.255.0
MSW-2(config-if)#exit
MSW-2(config)# interface vlan 30
MSW-2(config-if)# ip add 192.168.30.2 255.255.255.0
```

```
MSW-2(config-if)#exit
MSW-2(config)# router rip
MSW-2 (config-router)# version 2
MSW-2 (config-router)# network 192.168.20.0
MSW-2 (config-router)# network 192.168.30.0
MSW-2 (config-router)#exit
MSW-2(config)#ip routing
MSW-2(config)#
```

步骤 **3** ：MSW-3 的配置。

```
Switch>enable
Switch#configure terminal
Switch(config)#hostname MSW-3
MSW-3(config)#vlan 30
MSW-3(config-vlan)#exit
MSW-3(config)#vlan 40
MSW-3(config-vlan)#exit
MSW-3(config)# interface FastEthernet 0/3
MSW-3(config-if)# switchport access vlan 30
MSW-3(config-if)#exit
MSW-3(config)# interface FastEthernet 0/4
MSW-3(config-if)# switchport access vlan 40
MSW-3(config-if)#exit
MSW-3(config)# interface vlan 30
MSW-3(config-if)# ip add 192.168.30.1 255.255.255.0
MSW-3(config-if)#exit
MSW-3(config)# interface vlan 40
MSW-3(config-if)# ip add 192.168.40.1 255.255.255.0
MSW-3(config-if)#exit
MSW-3(config)# router rip
MSW-3 (config-router)# version 2
MSW-3 (config-router)# network 192.168.30.0
MSW-3 (config-router)# network 192.168.40.0
MSW-3 (config-router)#exit
MSW-3(config)#ip routing
MSW-3(config)#
```

步骤 **4** ：PC1 地址设置，如图 2-4-3-2 所示。

步骤 **5** ：PC2 地址设置，如图 2-4-3-3 所示。

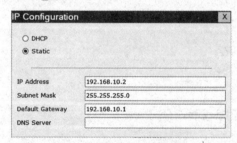

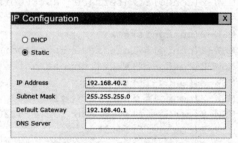

图 2-4-3-2　PC1 地址设置　　　　　　　图 2-4-3-3　PC2 地址设置

步骤 **6**：显示 MSW-1 路由表，如图 2-4-3-4 所示。

步骤 **7**：显示 MSW-2 路由表，如图 2-4-3-5 所示。

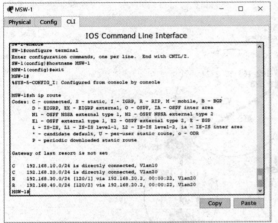

图 2-4-3-4　MSW-1 路由表

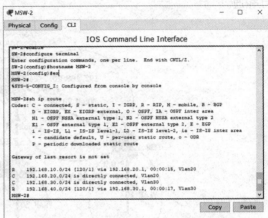

图 2-4-3-5　MSW-2 路由表

步骤 **8**：显示 MSW-3 路由表，如图 2-4-3-6 所示。

步骤 **9**：PC1 与 PC2 连通测试结果，如图 2-4-3-7 所示。

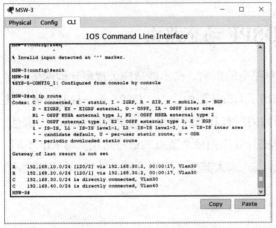

图 2-4-3-6　MSW-3 路由表

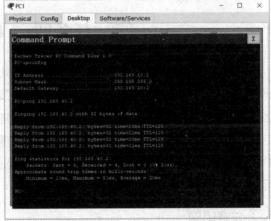

图 2-4-3-7　PC1 与 PC2 连通测试

小贴士

（1）RIP 只适用于小型的同构网络，因为它允许的最大站点数为 15，任何超过 15 个站点的目的地均被标记为不可达，而且 RIP 每隔 30 s 一次的路由信息广播也造成网络的广播风暴。

（2）RIP 采用距离向量算法，即根据距离选择路由，设备收集所有可到达目的地的不同路径，并不考虑带宽和速率，这样容易产生短距离慢速设备优先的错误路由。

任务总结

本任务只考虑了简单的 RIP 路由配置方案，对于简单要求的网络环境基本可以满足路由选择。如果网络布局比较复杂，需要使用任务四的 OSPF 动态路由协议进行解决。

思考练习

采用 RIP 动态路由协议，按图 2-4-3-8 所示的拓扑图配置网络，要求：PC1、PC2 和 PC3 能互相通。

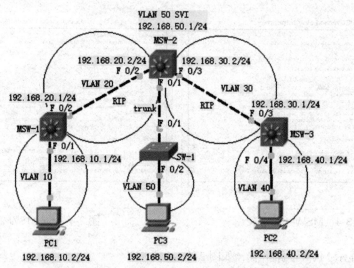

图 2-4-3-8　RIP 动态路由练习

任务四　　OSPF 动态路由

RIP 采用距离向量算法，不考虑带宽和速率对路由的影响，已不能适应大规模异构网络互连的要求，因此互联网工程任务组织（IETF）开发出了 OSPF 路由协议。OSPF 是一种基于链路状态的路由协议，需要每个路由设备向其同一管理域的所有其他路由设备发送链路状态广播信息。OSPF 收集有关的链路状态信息，并根据特定的算法计算出到每个节点的最短路径。与 RIP 不同，OSPF 可将自治域再划分为区，采用区间路由选择方式大大减少了网络开销，并增加了网络的稳定性，对网络的管理、维护带来方便。

任务明确

工作室网络中有一些设备是慢速老旧设备，使用 RIP 动态路由经常产生路由不可达的情况，为了改变网络不稳定的情况，决定采用 OSPF 动态路由协议替换 RIP 动态路由协议，在保证网络正常通信基础上尽量使用最简化配置，使用 PC1 和 PC2 进行通信。

操作步骤

按照任务要求规划网络拓扑图（见图 2-4-4-1）和 IP 及端口规划表（见表 2-4-4-1），对照如下操作提示进行相关配置。

1. 在 MSW-1 上配置

（1）创建 VLAN 10、VLAN 20。

（2）将 F 0/1 划入 VLAN 10、将 F 0/2 划入 VLAN 20。

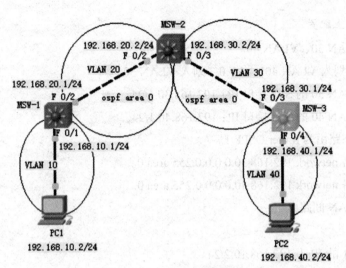

图 2-4-4-1　OSPF 动态路由

表 2-4-4-1　IP 及端口规划表

名称	IP 地址	子网掩码	端口号	VLAN
PC1	192.168.10.2	255.255.255.0	F 0/1	VLAN 10
PC2	192.168.40.2	255.255.255.0	F 0/1	VLAN 40
MSW-1	192.168.10.1	255.255.255.0		VLAN 10
	192.168.20.1	255.255.255.0		VLAN 20
MSW-2	192.168.20.2	255.255.255.0		VLAN 20
	192.168.30.2	255.255.255.0		VLAN 30
MSW-3	192.168.30.1	255.255.255.0		VLAN 30
	192.168.40.1	255.255.255.0		VLAN 40

（3）创建 VLAN 10 的 SVI 接口 IP：192.168.10.1/24。

（4）创建 VLAN 20 的 SVI 接口 IP：192.168.20.1/24。

（5）设置动态路由为 router OSPF 1。

（6）声明网络 network 192.168.10.0 0.0.0.255 area 0。

（7）声明网络 network 192.168.20.0 0.0.0.255 area 0。

（8）开启 VLAN 间路由。

2. 在 SW-2 上配置

（1）创建 VLAN 20、VLAN 30。

（2）将 F 0/2 划入 VLAN 20、将 F 0/3 划入 VLAN 30。

（3）创建 VLAN 20 的 SVI 接口 IP：192.168.20.2/24。

（4）创建 VLAN 30 的 SVI 接口 IP：192.168.30.2/24。

（5）设置动态路由为 router OSPF 1。

（6）声明网络 network 192.168.20.0 0.0.0.255 area 0。

（7）声明网络 network 192.168.30.0 0.0.0.255 area 0。

（8）开启 VLAN 间路由。

3. 在 MSW-3 上配置

（1）创建 VLAN 30、VLAN 40。

（2）将 F 0/4 划入 VLAN 40、将 F 0/3 划入 VLAN 30。

（3）创建 VLAN 30 的 SVI 接口 IP：192.168.30.1/24。

（4）创建 VLAN 40 的 SVI 接口 IP：192.168.40.1/24。

（5）设置动态路由为 router OSPF 1。

（6）声明网络 network 192.168.30.0 0.0.0.255 area 0。

（7）声明网络 network 192.168.40.0 0.0.0.255 area 0。

（8）开启 VLAN 间路由。

4. 设置 PC

（1）设置 PC1 的 IP 为 192.168.10.2/24。

（2）设置 PC2 的 IP 为 192.168.40.2/24。

📋 **任务落实**

步骤 1：MSW-1 的配置。

OSPF 动态路由

```
Switch>enable
Switch#configure terminal
Switch(config)#hostname MSW-1
MSW-1(config)#vlan 10
MSW-1(config-vlan)#exit
MSW-1(config)#vlan 20
MSW-1(config-vlan)#exit
MSW-1(config)# interface FastEthernet 0/1
MSW-1(config-if)# switchport access vlan 10
MSW-1(config-if)#exit
MSW-1(config)# interface FastEthernet 0/2
MSW-1(config-if)# switchport access vlan 20
MSW-1(config-if)#exit
MSW-1(config)# interface vlan 10
MSW-1(config-if)# ip add 192.168.10.1 255.255.255.0
MSW-1(config-if)#exit
MSW-1(config)# interface vlan 20
MSW-1(config-if)# ip add 192.168.20.1 255.255.255.0
MSW-1(config-if)#exit
MSW-1(config)# router ospf 1
MSW-1 (config-router)# network 192.168.10.0 0.0.0.255 area 0
MSW-1 (config-router)# network 192.168.20.0 0.0.0.255 area 0
MSW-1 (config-router)#exit
MSW-1(config)#ip routing
MSW-1(config)#
```

步骤 2：MSW-2 的配置。

```
Switch>enable
Switch#configure terminal
```

```
Switch(config)#hostname MSW-2
MSW-2(config)#vlan 20
MSW-2(config-vlan)#exit
MSW-2(config)#vlan 30
MSW-2(config-vlan)#exit
MSW-2(config)# interface FastEthernet 0/2
MSW-2(config-if)# switchport access vlan 20
MSW-2(config-if)#exit
MSW-2(config)# interface FastEthernet 0/3
MSW-2(config-if)# switchport access vlan 30
MSW-2(config-if)#exit
MSW-2(config)# interface vlan 20
MSW-2(config-if)# ip add 192.168.20.2 255.255.255.0
MSW-2(config-if)#exit
MSW-2(config)# interface vlan 30
MSW-2(config-if)# ip add 192.168.30.2 255.255.255.0
MSW-2(config-if)#exit
MSW-2(config)# router ospf 1
MSW-2 (config-router)# network 192.168.20.0 0.0.0.255 area 0
MSW-2 (config-router)# network 192.168.30.0 0.0.0.255 area 0
MSW-2 (config-router)#exit
MSW-2(config)#ip routing
MSW-2(config)#
```

步骤 **3** ：MSW-3 的配置。

```
Switch>enable
Switch#configure terminal
Switch(config)#hostname MSW-3
MSW-3(config)#vlan 30
MSW-3(config-vlan)#exit
MSW-3(config)#vlan 40
MSW-3(config-vlan)#exit
MSW-3(config)# interface FastEthernet 0/3
MSW-3(config-if)# switchport access vlan 30
MSW-3(config-if)#exit
MSW-3(config)# interface FastEthernet 0/4
MSW-3(config-if)# switchport access vlan 40
MSW-3(config-if)#exit
MSW-3(config)# interface vlan 30
MSW-3(config-if)# ip add 192.168.30.1 255.255.255.0
MSW-3(config-if)#exit
MSW-3(config)# interface vlan 40
MSW-3(config-if)# ip add 192.168.40.1 255.255.255.0
MSW-3(config-if)#exit
MSW-3(config)# router ospf 1
MSW-3 (config-router)# network 192.168.30.0 0.0.0.255 area 0
MSW-3 (config-router)# network 192.168.40.0 0.0.0.255 area 0
MSW-3 (config-router)#exit
MSW-3(config)#ip routing
MSW-3(config)#
```

步骤 4 ：PC1 设置地址，如图 2-4-4-2 所示。

步骤 5 ：PC2 设置地址，如图 2-4-4-3 所示。

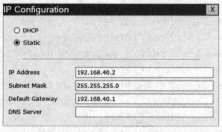

图 2-4-4-2　PC1 设置地址　　　　　　图 2-4-4-3　PC2 设置地址

步骤 6 ：显示 MSW-1 路由表，如图 2-4-4-4 所示。

步骤 7 ：显示 MSW-2 路由表，如图 2-4-4-5 所示。

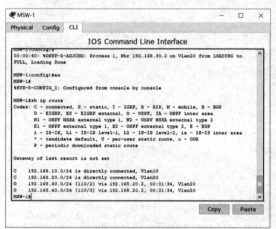

图 2-4-4-4　MSW-1 路由表

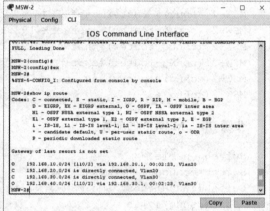

图 2-4-4-5　MSW-2 路由表

步骤 8 ：显示 MSW-3 路由表，如图 2-4-4-6 所示。

步骤 9 ：PC1 与 PC2 连通测试结果，如图 2-4-4-7 所示。

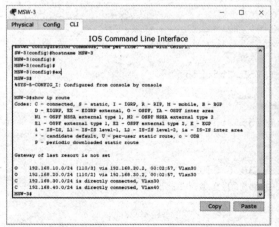

图 2-4-4-6　MSW-3 路由表

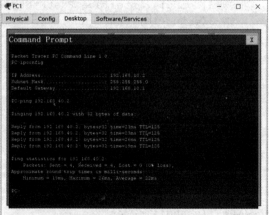

图 2-4-4-7　PC1 与 PC2 连通测试

小贴士

OSPF（Open Shortest Path First，开放式最短路径优先）是一个内部网关协议，它可以是单区域结构，也可以是多区域结构，OSPF 的区域 0 就是所有区域的核心，本任务只涉及区域 0 的部分，多区域操作后续再详细讲解。

任务总结

本任务主要练习 OSPF 的基本功能，按照前一个 RIP 路由任务，操作很容易理解，使用 show ip route 查看设备的路表，如果能发现要到达的路由条目，说明 OSPF 配置正确，如果检查路由表没有 OSPF 路由条目，说明有配置错误。

任务提升

采用 OSPF 动态路由协议配置网络，要求：PC1、PC2 和 PC3 能互相通信，拓扑图如图 2-4-4-8 所示。

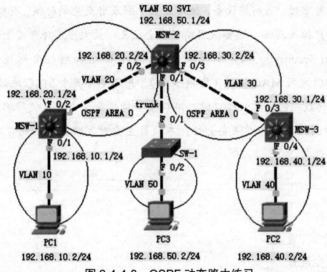

图 2-4-4-8 OSPF 动态路由练习

项目五
交换机链路冗余及端口安全

为了保持网络的稳定性，在交换机环境中要避免环路产生而采用生成树，多交换机之间的链接通常都使用一些备份连接，以提高网络的健壮性、稳定性，这里的备份功能称为冗余。高冗余网络给我们带来可靠性，当网络设备、链路发生中断或者变化的时候，有效地保证网络可靠。同时为了防止非法用户接入网络，还要使用端口安全设置，最大限度保障安全性。

端口安全（Port Security），从基本原理上讲，Port Security 特性会通过 MAC 地址表记录连接到交换机端口的以太网 MAC 地址（即网卡号），并只允许某个 MAC 地址通过本端口通信。其他 MAC 地址发送的数据包通过此端口时，端口安全特性会阻止它。使用端口安全特性可以防止未经允许的设备访问网络，并增强安全性。本项目主要对冗余技术和端口安全技术的基本原理和实现进行详细的说明。

学习目标

（1）掌握生成树配置。
（2）掌握链路聚合配置。
（3）掌握端口安全配置。
（4）掌握端口和 MAC 地址绑定配置。

知识准备

关于生成树协议（Spanning Tree Protocol, STP）、链路聚合（Link Aggregation）、端口安全（Port Security）和端口绑定/捆绑，这些概念很容易混淆，主旨都是利用链路冗余提供服务器、交换机和数据存储设备之间的可靠性，或利用冗余端口实现负载均衡等。通常在大多数场景下可以混用，这里我们重点学习它们各自的含义和区别。

本项目相关配置命令有 spanning-tree、channel-group、switchport port-security、mac-address-table 等。为了方便开展后面任务的学习，将所涉及的命令进行详细讲解。

1.spanning-tree 命令

命令格式：spanning-tree vlan id{priority | root}。

相关命令：no spanning-tree vlan id。

命令功能：开启生成树协议及设置生成树优先级的命令，本命令的 no 操作是关闭 pvst 协议。

命令参数：vlan id 是参为生成树运算的 VLAN 号；priority 是优先级可以是 0~61440 范围，优先级设置以 4096 为倍数；root 可选设置为主根还是次根的预设优先级。

命令模式：全局配置模式。

使用指南：系统默认生成树是开启状态，且所有的端口默认都打开 pvst 协议，优先级默认为 32768。

命令举例：设置 VLAN 1 的生成树协议优先级为 4096。

```
switch(config)# spanning-tree vlan 1 priority 4096
switch(config)#
```

2.spanning-tree mode 命令

命令格式：spanning-tree mode {pvst | rapid-pvst}。

命令功能：设置生成树协议类型的命令。

命令参数：pvst 是 STP 生成树，rapid-pvst 是快速生成树。

命令模式：全局配置模式。

使用指南：系统默认运行生成树 pvst 协议，且所有的端口默认都打开 pvst 协议。

命令举例：设置生成树协议类型 pvst 协议。

```
switch(config)# spanning-tree mode pvst
switch(config)#
```

3.show spanning-tree 命令

命令格式：show spanning-tree {active | detail | inconsistentports | interface | summary | vlan}。

命令功能：查看生成树相关信息和状态。

命令参数：active 仅对活动接口进行活动报告；detail，显示详细信息；inconsistentports，显示端口不一致状态（即为 Block 的端口）的命令；interface，显示接口生成树接口状态和配置；summary，端口状态的摘要；vlan，显示特定 VLAN 的生成树信息。

命令模式：特权模式。

使用指南：通过 show spanning-tree 命令可以查看生成树网桥信息以及端口的信息等。

命令举例：显示生成树全部实例中网桥和端口信息。

```
switch# show spanning-tree
```

4.spanning-tree portfast 命令

命令格式：spanning-tree portfast {disable | trunk}

命令功能：把一个 port 设置为 portfast，就是让 port 不再使用 STP 的算法。

命令参数：disable，禁用此接口的 portfast；trunk 即在 trunk 模式下，也可以在接口上启动 portfast。

命令模式：端口配置模式。

使用指南：将端口设置为 spanning-tree portfast 后，端口就不再使用 STP 的算法。portfast 一般只能用在接入层，端口是接 HOST 的才能起用 portfast, 如果连接交换机可能会造成新的环路。

命令举例：设置 FastEthernet 0/1 为 portfast 模式。

```
switch(config)#interface FastEthernet 0/1
switch(config-if)#spanning-tree portfast
```

5.channel-group 命令

命令格式：channel-group <channel-group-number> mode {active|passive|on}。

相关命令：no channel-group <channel-group-number>。

命令功能：将物理端口加入 Port Channel，该命令的 no 操作为将端口从 Port Channel 中去除。

命令参数：channel-group-number，汇聚编组号；active，主动方式启动 LACP 协议；passive，被动方式启动 LACP 协议；on，强制方式启动 LACP 协议。

命令模式：交换机端口配置模式。

默认情况：默认交换机端口不属于 Port Channel，不启动 LACP 协议。

使用指南：如果不存在该组则会先建立该组，然后再将端口加到组中。在一个 channel-group 中所有的端口加入的模式必须一样，以第一个加入该组的端口模式为准。端口以 on 模式加入一个组是强制性的，所谓强制性表示本端交换机端口汇聚不依赖对端的信息，只要在组中有 2 个以上的端口，并且这些端口的 VLAN 信息都一致则组中的端口就能汇聚成功。端口以 active 和 passive 方式加入一个组运行的是 LACP 协议，但两端必须有一个组中的端口是以 active 方式加入的，如果两端都是 passive，端口永远都无法汇聚起来。

命令举例：将 FastEthernet 0/1 端口编入聚合组 1 强制启动链路聚合。

```
switch(config)# interface FastEthernet 0/1
switch (config-if)#channel-group 1 mode on
```

6.interface port-channel 命令

命令格式：interface port-channel <port-channel-number>。

相关命令：no interface port-channel <port-channel-number>。

命令功能：进入汇聚端口配置模式。

命令参数：port-channel-number 是聚合端口组号。

命令模式：全局配置模式。

默认情况：没有聚合端口组。

使用指南：进入汇聚端口模式下配置时，配置则对汇聚端口生效，如果做 shutdown、speed 等配置，则是对该 port-channel 对应的 port-group 中的所有成员端口生效，起到一个群配的作用。

命令举例：进入 port-channel 1 配置模式。

```
switch (config)# interface port-channel 1
switch (config)#
```

7.switchport port-security 命令

命令格式：switchport port-security {mac-address | maximum | violation}。

相关命令 : no switchport port-security。

命令功能 : 使能端口 MAC 地址绑定功能;本命令的 no 操作为关闭端口 MAC 地址绑定功能。

命令参数 : mac-address,添加静态安全 MAC 地址 ; maximum,设置端口最大安全 MAC 地址数,端口静态安全 MAC 地址上限取值范围 1~128 ; violation,设置端口违背模式,其中 protect 为保护模式 ; shutdown 为关闭模式。

命令模式 : 端口配置模式。

默认情况 : 交换机端口不打开 MAC 地址绑定功能。

使用指南 : MAC 地址绑定功能与 802.1x、Spanning Tree、端口汇聚功能存在互斥关系,因此如果要打开端口的 MAC 地址绑定功能,就必须关闭端口上的 802.1x、Spanning Tree、端口汇聚功能,且打开 MAC 地址绑定功能的端口不能是 trunk 口。

命令举例 : 使能端口 FastEthernet 0/1 的 MAC 地址绑定功能。

```
switch(config)# interface FastEthernet 0/1
switch (config-if)# switchport port-security
```

8.show port-security 命令

命令格式 : show port-security {address | interface}。

命令功能 : 显示全局安全端口配置情况。

命令参数 : address,显示端口安全 MAC 地址 ; interface,安全端口配置情况。

命令模式 : 特权配置模式。

默认情况 : 交换机不显示安全端口配置情况。

使用指南 : 本命令显示交换机当前已经配置为安全端口的端口信息。

命令举例 : 显示全局安全端口配置情况。

```
switch# show port-security
```

9.mac-address-table 命令

命令格式 : mac-address-table static <mac-addr> vlan <vlan-id > interface <interface>。

相关命令 : no mac-address-table static <mac-addr> vlan <vlan-id > interface <interface>。

命令功能 : 添加或修改静态地址表项,此命令的 no 操作为删除静态地址表项。

命令参数 : static,静态表项 ; <mac-addr>,要添加或删除的 MAC 地址 ; <interface>,转发 MAC 数据包的端口名称 ; <vlan-id>,接收 MAC 地址数据包的 VLAN 号。

命令模式 : 全局配置模式。

默认情况 : 当配置 VLAN 接口后,系统会生成一个 VLAN 接口固有的 MAC 地址的静态地址映射表项。

使用指南 : 在某些特殊用途或者交换机不能动态的学习到 MAC 地址,用户可以使用本命令将 MAC 地址与端口及 VLAN 手工建立映射关系。命令 no mac-address-table 为删除交换机 MAC 地址表中存在的静态 MAC 地址表项。

命令举例 : 端口 FastEthernet 0/1 属于 VLAN 10,与 MAC 地址为 0003.e4a8.d5c9 建立地址映射。

```
switch(config)# mac address-table static 0003.e4a8.d5c9 vlan 10 interface FastEthernet 0/1
```

10.show mac-address-table 命令

命令格式：show mac-address-table [dynamic|static] [interface <interface-name>]。

命令功能：显示交换机当前的 MAC 地址表的内容。

命令参数：static，静态表项；<interface-name>，要显示的表项包含的端口名称。

命令模式：特权用户配置模式。

默认情况：系统默认不显示 MAC 地址表的内容。

使用指南：本命令可以显示当前交换机内所有的 MAC 地址表项。

命令举例：显示当前 MAC 地址表中的所有表项。

```
switch# show mac-address-table
```

◎ 任务一　　生成树配置

▣ 任务明确

学校教务处和教研室两个部门各有两台 PC，教务处的 PC 划分到 VLAN 2 中，教研室的 PC 划分到 VLAN 6 中。为了增加传输的带宽，同时也为了保证网络的稳定和冗余，两台交换机间使用了两条 100 Mbit/s 链路连接，采用生成树保证不产生环路，当其中一条链路出现故障还能使用另外一条链路进行冗余通信，这里四台 PC 中两个部门之间不能相互访问，相同部门可以通信，按图 2-5-1-1 所示的拓扑图连接，使用最简单的方法完成任务。

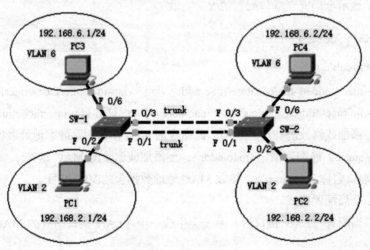

图 2-5-1-1　生成树任务

⛓ 操作步骤

按照任务要求规划网络拓扑图（见图 2-5-1-1）和 IP 及端口规划表（见表 2-5-1-1），对照如下操作提示进行相关配置。

表 2-5-1-1 IP 及端口规划表

名称	IP 地址	子网掩码	端口号	网关	VLAN
SW-1 SW-2			F 0/1		trunk
			F 0/3		trunk
			F 0/6		VLAN 6
			F 0/2		VLAN 2
PC1	192.168.2.1	255.255.255.0	F 0/2		VLAN 2
PC2	192.168.2.2	255.255.255.0	F 0/2		VLAN 2
PC3	192.168.6.1	255.255.255.0	F 0/6		VLAN 6
PC4	192.168.6.2	255.255.255.0	F 0/6		VLAN 6

1.SW-1 的配置

（1）创建 VLAN 2 和 VLAN 6。

（2）将 F 0/2 划入 VLAN 2、将 F 0/6 划入 VLAN 6。

（3）将 F 0/2 和 F 0/6 设为 postfast 端口。

（4）配置 F 0/1 和 F 0/3 设为 trunk 模式。

（5）将 VLAN 2 在 F 0/1 上的端口优先级值设为 16。

（6）将 VLAN 6 在 F 0/3 上的端口优先级值设为 16。

2.SW-2 的配置

（1）创建 VLAN 2 和 VLAN 6。

（2）将 F 0/2 划入 VLAN 2、将 F 0/6 划入 VLAN 6。

（3）将 F 0/2 和 F 0/6 设为 postfast 端口。

（4）配置 F 0/1 和 F 0/3 设为 trunk 模式。

3.配置 PC1、PC2、PC3、PC4 的 IP 地址

📋 任务落实

生成树配置

步骤 **1** ：SW-1 的配置。

```
Switch>
Switch>enable
Switch#configure terminal
Switch(config)#hostname SW-1
SW-1(config)#vlan 2
SW-1(config-vlan)#exit
SW-1(config)#vlan 6
SW-1(config-vlan)#exit
SW-1(config)#interface FastEthernet 0/1
SW-1(config-if)#switchport mode trunk
SW-1(config-if)#spanning-tree vlan 1-3 port-priority 16
SW-1(config-if)#exit
SW-1(config)#interface FastEthernet 0/3
SW-1(config-if)#switchport mode trunk
```

```
SW-1(config-if)#spanning-tree vlan 2-6 port-priority 16
SW-1(config-if)#exit
SW-1(config)#interface FastEthernet 0/2
SW-1(config-if)#switchport access vlan 2
SW-1(config-if)#spanning-tree portfast
SW-1(config-if)#exit
SW-1(config)#interface FastEthernet 0/6
SW-1(config-if)#switchport access vlan 6
SW-1(config-if)#spanning-tree portfast
SW-1(config-if)#exit
SW-1(config)#
```

步骤 2：SW-2 的配置。

```
Switch>
Switch>enable
Switch#configure terminal
Switch(config)#hostname SW-2
SW-2(config)#vlan 2
SW-2(config-vlan)#exit
SW-2(config)#vlan 6
SW-2(config-vlan)#exit
SW-2(config)#interface FastEthernet 0/1
SW-2(config-if)#switchport mode trunk
SW-2(config-if)#exit
SW-2(config)#interface FastEthernet 0/3
SW-2(config-if)#switchport mode trunk
SW-2(config-if)#exit
SW-2(config)#interface FastEthernet 0/2
SW-2(config-if)#switchport access vlan 2
SW-2(config-if)#spanning-tree portfast
SW-2(config-if)#exit
SW-2(config)#interface FastEthernet 0/6
SW-2(config-if)#switchport access vlan 6
SW-2(config-if)#spanning-tree portfast
SW-2(config-if)#exit
SW-2 (config)#
```

步骤 3：PC1 配置 IP 地址，如图 2-5-1-2 所示。

图 2-5-1-2　PC1 配置 IP 地址

步骤 4：PC2、PC3、PC4 的 IP 按拓扑图要求，参照步骤 3 配置。

步骤 5：PC1 与 PC2 连通测试结果，如图 2-5-1-3 所示。

步骤 6：PC3 与 PC4 连通测试结果。在模拟模式下测试 PC3 与 PC4 通信，如图 2-5-1-4 所示。通过捕获数据包，如图 2-5-1-5 所示。可以验证数据是通过 F 0/3 接口传输，可以看到确实是按预期结果通过 F 0/3 接口传输，如图 2-5-1-6 所示。使用此方法也可以验证 PC1 与 PC2 是通过 F 0/1 接口传输。

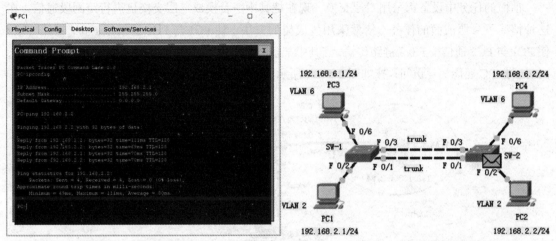

图 2-5-1-3　连通测试　　　　　　　　　　图 2-5-1-4　模拟模式测试

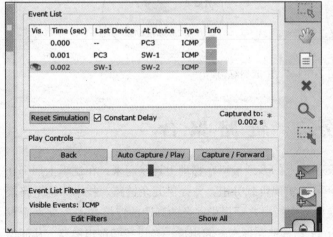

图 2-5-1-5　捕获数据包

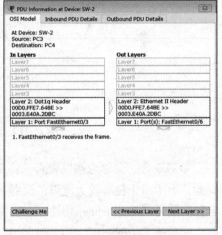

图 2-5-1-6　查看数据包

小贴士

（1）生成树上端口优先级默认是 128，调整时按 16 的倍数进行，优先级越低级别越高。

（2）端口设置了 portfast，说明端口不再使用 STP 的算法，这样从 PC 接上网线，到能发送用户数据就不需等待。

任务总结

本任务中使用二层交换机作为教务处和教研室网络的连接设备，正常情况下两条链路各负责一个科室数据通信，如果其中有一条链路出现问题可以由另一个代替工作，生成树会在一定时间内进行自动切换，如果有更多个 VLAN 相互通信，也可以使用这种方法让不同 VLAN 从不同的链路通过并保证冗余，请读者对照本任务认真完成练习，体会生成树的链路冗余技巧。

任务提升

前面的任务中设备都采用二层交换，现在把其中一台换成三层交换机进行跨网段通信，在这种情况下参照前面的任务，依然采用生成树的方法，使 PC1 与 PC2 通信按 F 0/1 链路传输，使 PC1 与 PC3 通信按 F 0/3 链路传输，当其中某条链路出现问题时，由另一条链路负责接替工作，同时三台 PC 还能相互访问，按如图 2-5-1-7 所示的拓扑图连接，使用最简单的方法完成任务。

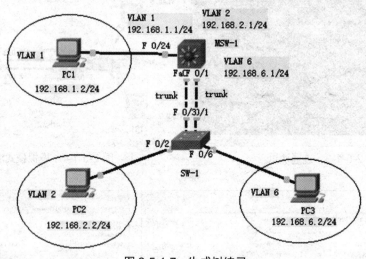

图 2-5-1-7　生成树练习

任务二　链路聚合

链路聚合，又称为端口聚合，将交换机上的多个端口在物理上连接起来，在逻辑上捆绑在一起，形成一个拥有较大宽带的链路，可以实现负载分担，并提供冗余链路。技术原理链路聚合使用的是 EtherChannel 特性，在交换机到交换机之间提供冗余的高速的连接方式。将两个设备之间多条 FastEthernet 或 GigabitEthernet 物理链路捆在一起组成一条设备间逻辑链路，从而增强带宽和冗余。

两台交换机的速率都是 100 Mbit/s，它们之间有两条 100 Mbit/s 的物理通道相连，由于生成树的原因，只有 100 Mbit/s 可用，交换机之间的链路很容易形成瓶颈，使用端口聚合技术，把两个 100 Mbit/s 链路聚合成一个 200 Mbit/s 的逻辑链路，当一条链路出现故障，另一条链路会继续工作。

在一个端口汇聚组中，端口号最小的作为主端口，其他的作为成员端口。同一个汇聚组中成员端口的链路类型与主端口的链路类型保持一致，即如果主端口为 trunk 端口，则成员端口也为 trunk 端口；如主端口的链路类型改为 access 端口，则成员端口的链路类型也变为 access 端口。所有参加聚合的端口都必须工作在全双工模式下，且工作速率相同才能进行聚合，并且聚合功能需要在链路两端同时配置方能生效。

任务明确

工作室进行一项数据传输实验，因为数据传输比较大，如果在操作过程中速度慢会影响实验效果。为了提高交换机之间的传输带宽，临时决定使用链路聚合的方式，将两台交换机的 F 0/1 和 F 0/2 聚合为一条 200 Mbit/s 带宽的链路，使 PC1 和 PC2 之间、PC3 和 PC4 之间能进行高速通信。按照这个思路，请按如图 2-5-2-1 所示的规划网络拓扑完成网络搭建。

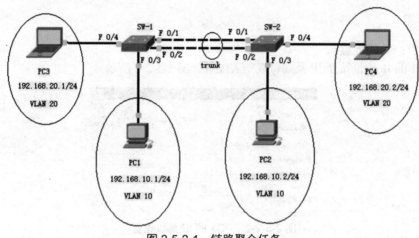

图 2-5-2-1 链路聚合任务

操作步骤

按照任务要求规划网络拓扑图（见图 2-5-2-1）和 IP 及端口规划表（见表 2-5-2-1），对照如下操作提示进行相关配置。

表 2-5-2-1 IP 及端口规划表

名称	IP 地址	子网掩码	端口号	VLAN
PC1	192.168.10.1	255.255.255.0	F 0/3	VLAN 10
PC2	192.168.10.2	255.255.255.0	F 0/3	VLAN 10
PC3	192.168.20.1	255.255.255.0	F 0/4	VLAN 20
PC4	192.168.20.2	255.255.255.0	F 0/4	VLAN 20
SW-1			F 0/1	trunk
SW-2			F 0/2	trunk

1.PC 的操作步骤

（1）设置 PC1 的 IP 为 192.168.10.1/24。

（2）设置 PC2 的 IP 为 192.168.10.2/24。

（3）设置 PC3 的 IP 为 192.168.20.1/24。

（4）设置 PC4 的 IP 为 192.168.20.2/24。

2.SW-1 的操作步骤

（1）在 SW-1 上创建 VLAN 10 和 VLAN 20。

（2）将 F 0/3 划入 VLAN 10、将 F 0/4 划入 VLAN 20。

（3）配置 F 0/1 和 F 0/2 的链路聚合编组为 channel-group 1 mode on。

（4）将聚合 Port-channel 1 设为 trunk 模式。

3.SW-2 的操作步骤

（1）在 SW-2 上创建 VLAN 10 和 VLAN 20。

（2）将 F 0/3 划入 VLAN 10、将 F 0/4 划入 VLAN 20。

（3）配置 F 0/1 和 F 0/2 的链路聚合编组为 channel-group 1 mode on。

（4）将聚合 Port-channel 1 设为 trunk 模式。

任务落实

步骤 **1** ：PC 的配置。

（1）PC1 的 IP 地址按照 IP 及端口规划表配置如图 2-5-2-2 所示。

链路聚合

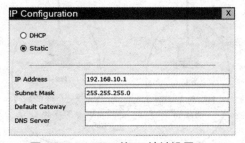

图 2-5-2-2　PC1 的 IP 地址设置

（2）PC2、PC3、PC4 的 IP 地址参照 PC1 的 IP 及端口规划表配置，如表 2-5-2-1 所示。

步骤 **2** ：SW-1 的配置。

```
Switch>
Switch>enable
Switch#configure terminal
Switch(config)#hostname SW-1
SW-1(config)#vlan 10
SW-1(config-vlan)#exit
SW-1(config)#vlan 20
SW-1(config-vlan)#exit
SW-1(config)#int F 0/3
SW-1(config-if)# switchport access vlan 10
SW-1(config)#int f 0/4
SW-1(config-if)# switchport access vlan 20
SW-1(config-if)#exit
SW-1(config)# interface range FastEthernet 0/1 - FastEthernet 0/2
SW-1(config-if-range)# channel-group 1 mode on
SW-1(config-if-range)# switchport mode trunk
SW-1(config-if-range)#exit
SW-1(config)#
```

步骤 **3** ：SW-2 的配置。

```
Switch>
Switch>enable
Switch#configure terminal
Switch(config)#hostname SW-2
SW-2(config)#vlan 10
SW-2(config-vlan)#exit
SW-2(config)#vlan 20
SW-2(config-vlan)#exit
SW-2(config)#int F 0/3
SW-2(config-if)# switchport access vlan 10
SW-2(config)#int f 0/4
SW-2(config-if)# switchport access vlan 20
SW-2(config-if)#exit
SW-2(config)# interface range FastEthernet 0/1 - FastEthernet 0/2
SW-2(config-if-range)# channel-group 1 mode on
SW-2(config-if-range)# switchport mode trunk
SW-2(config-if-range)#exit
SW-2(config)#
```

步骤 **4** ：显示 SW-1 的链路聚合情况。

```
SW-1#sh interfaces etherchannel
FastEthernet0/1:
Port state        = 1
Channel group     = 1            Mode = On      Gcchange = -
Port-channel = Po1       GC = -            Pseudo port-channel = Po1
Port index    = 0        Load = 0x0        Protocol = -

Age of the port in the current state:   00d:00h:38m:30s

FastEthernet0/2:
Port state        = 1
Channel group     = 1            Mode = On      Gcchange = -
Port-channel = Po1       GC = -            Pseudo port-channel = Po1
Port index    = 0        Load = 0x0        Protocol = -

Age of the port in the current state:   00d:00h:38m:30s


----
Port-channel1:Port-channel1
Age of the Port-channel  = 00d:00h:38m:30s
Logical slot/port   = 2/1              Number of ports = 2
GC                  = 0x00000000       HotStandBy port = null
Port state          =
Protocol            =   3
Port Security       = Disabled


Ports in the Port-channel:

Index   Load   Port     EC state          No of bits
------+------+------+------------------+-----------
```

```
 0      00     Fa0/1    On               0
 0      00     Fa0/2    On               0
Time since last port bundled:     00d:00h:38m:30s    Fa0/2
SW-1#
```

步骤 5：显示 SW-2 汇聚链路信息。

```
SW-2#show etherchannel port-channel
            Channel-group listing:
            ----------------------

Group: 1
----------
            Port-channels in the group:
            ---------------------------

Port-channel: Po1
------------

Age of the Port-channel   = 00d:00h:52m:27s
Logical slot/port   = 2/1        Number of ports = 2
GC                  = 0x00000000       HotStandBy port = null
Port state          = Port-channel
Protocol            =   PAGP
Port Security       = Disabled

Ports in the Port-channel:

Index   Load    Port     EC state            No of bits
------+------+------+-------------------+-----------
  0      00     Fa0/1    On               0
  0      00     Fa0/2    On               0
Time since last port bundled:     00d:00h:52m:27s    Fa0/2
SW-2#
```

步骤 6：PC1 到 PC2 连通性测试，如图 2-5-2-3 所示。

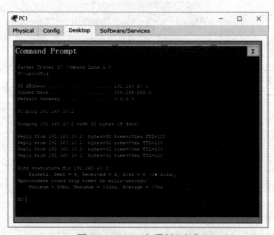

图 2-5-2-3　连通性测试

小贴士

（1）链路聚合的方式可以将多条物理链路的带宽聚合成一条合并链路，增加带宽的同时还对链路进行了冗余备份，当一条链路发生问题，另一条链路依然可以传输数据。

（2）链路聚合优点很多，但是因为聚合要使用多条物理链路，设备端口占用较多，正常情况使用两条比较适合，一般不超过四条。

任务总结

本任务 PC1 和 PC2 之间、PC3 和 PC4 之间可以高速通信，通信的速度在交换机之间可以达到 200 Mbit/s，因为交换机到计算机之间的带宽并没有增加，所以实际上计算机之间的带宽还是 100 Mbit/s，只是交换机之间传输带宽扩大了一倍，并可以冗余备份提高了安全性，这样的设置更适合多台计算机通信时提高传输效率，在实际操作时注意对比总结配置技巧。

任务提升

工作室数据传输实验方法进行了变化，因为传距离不够，所以在中间增加了一台交换机，在此情况下还是采用链路聚合的方式，将三台交换机聚合为一条 200 Mbit/s 带宽的链路，使 PC1 和 PC2 之间能进行高速通信。按照前面任务的思路，请按如图 2-5-2-4 所示的规划网络拓扑完成网络搭建。

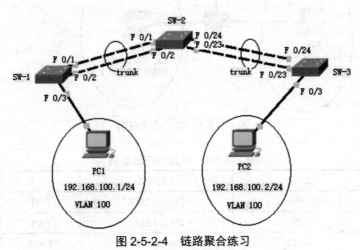

图 2-5-2-4　链路聚合练习

任务三　端口安全配置

在一些企业或单位中，员工为了上网方便经常随意使用集线器或无限路由器等设备将一个上网端口增至多个，使用自己的笔记本电脑和手机连接到单位的网路中。这些情况都会给企业的网络安全带来不利的影响，产生安全隐患。为了保证网络的整体安全和可管控性，本任务来学习交换机端口的安全配置及应对措施。

任务明确

工作室为了防止工作室内部用户的 IP 地址冲突，防止内部的网络攻击和破坏行为。给每一位成员分配了固定的 IP 地址，并且只允许工作室成员在自己工位的主机上使用网络，不得随意连接其他主机。如果你是工作室的网络管理员，要严格控制网络，按要求保证工作室的 PC1 可以与 PC3 通信，当成员在自己的工位再连接的新 PC2 时，就会因为限制而使线路断掉，在保证网络正常通信的基础上，你怎样进行合理配置。

操作步骤

按照任务要求规划网络拓扑图（见图 2-5-3-1）和 IP 及端口规划表（见表 2-5-3-1），对照如下操作提示进行相关配置。

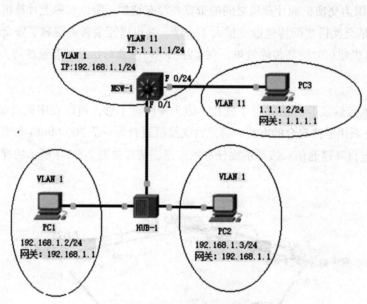

图 2-5-3-1　端口安全任务

表 2-5-3-1　IP 及端口规划表

名称	IP 地址	子网掩码	端口号	VLAN
PC1	192.168.1.2	255.255.255.0	F 0/1	VLAN 1
PC2	192.168.1.3	255.255.255.0	F 0/1	VLAN 1
PC3	1.1.1.2	255.255.255.0	F 0/24	VLAN 11
MSW-1	192.168.1.1	255.255.255.0		VLAN 1
	1.1.1.1	255.255.255.0		VLAN 11

1.MSW-1 的配置

（1）创建 VLAN 11。

（2）将 F 0/24 划入 VLAN 11。

（3）创建 VLAN 1 的 SVI 接口 IP：192.168.1.1/24。

（4）创建 VLAN 11 的 SVI 接口 IP：1.1.1.1/24。

（5）开启 VLAN 间路由。

（6）开启 F 0/1 端口安全限制 PC2 的 MAC 地址通过。

2.HUB-1 按图 2-5-3-1 所示连接

3. 设置 PC

（1）设置 PC1 的 IP 为 192.168.1.2/24，网关为 192.168.1.1。

（2）设置 PC2 的 IP 为 192.168.1.3/24，网关为 192.168.1.1。

（3）设置 PC3 的 IP 为 1.1.1.2/24，网关为 1.1.1.1。

📖 **任务落实**

端口安全

步骤 1：MSW-1 的配置。

```
Switch>enable
Switch#configure terminal
Switch(config)#hostname MSW-1
MSW-1(config)#vlan 11
MSW-1(config-vlan)#exit
MSW-1(config)# interface vlan 11
MSW-1(config-if)# ip add 1.1.1.1 255.255.255.0
MSW-1(config-if)#exit
MSW-1(config)# interface vlan 1
MSW-1(config-if)# ip add 192.168.1.1 255.255.255.0
MSW-1(config-if)#exit
MSW-1(config)# interface FastEthernet 0/24
MSW-1(config-if)# switchport access vlan 11
MSW-1(config-if)#exit
MSW-1(config)# interface FastEthernet 0/1
MSW-1(config-if)# switchport mode access      // 默认端口为 dynamic 模式，需改为 access 模式
MSW-1(config-if)# switchport port-security                  // 启动端口按全
MSW-1(config-if)# switchport port-security maximum 1        // 系统默认不设也可以
MSW-1(config-if)# switchport port-security violation shutdown    // 系统默认不设也可以
MSW-1(config-if)# switchport port-security mac-address 0006.2A58.BD64   // 邦定 MAC
MSW-1(config-if)#exit
MSW-1(config)#ip routing
MSW-1(config)#
```

步骤 2：查看 MSW-1 的 mac address-table 表情况。

```
MSW-1#sh mac address-table
        Mac Address Table
-------------------------------------------

Vlan    Mac Address       Type        Ports
----    -----------       -------     -----

   1    0006.2a58.bd64    STATIC      Fa0/1
MSW-1#
```

步骤 3：PC1 的配置。PC1 地址配置，如图 2-5-3-2 所示。

步骤 4：PC2、PC3 的地址配置参照 PC1 及 IP 地址表设置，如表 2-5-3-1 所示。

步骤 5：测试 PC1 和 PC3 通信，如图 2-5-3-3 所示。

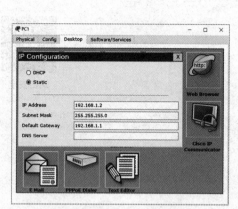

图 2-5-3-2　PC1 地址配置

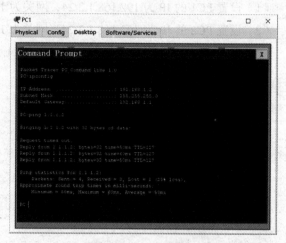

图 2-5-3-3　连通性测试

步骤 6：当 PC2 与 PC3 通信时，由于端口安全的设置，端口的 MAC 地址表中没有 PC2 的地址，此时只允许一个地址通过，不满足要求而使端口 DOWN 掉，所以当测试进行后，链路变为 download 状态，如图 2-5-3-4 所示。将 MSW-1 的 F 0/1 端口 shutdown 再 no shutdown 即可恢复链路通信。

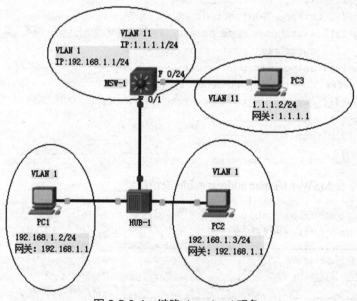

图 2-5-3-4　链路 download 现象

小贴士

注意：端口安全可以限制指定端口接入设备，但是如果其他端口没有限制，补绑定 MAC 地址的设备还是可以从其他没设端口安全的端口接入网络。

switchport port-security maximum x 配置端口的最大连接数为 x，能同时连接到该端口的最大 MAC 地址数量不能超过 x，允许此端口通过的最大 MAC 地址数目为 x，如果超过了端口会因为违例被 shutdown。想再次开启端口，可以 shutdown 端口再 no shutdown 进行解决。

任务总结

本任务的端口安全操作比较简单，对小型单位在计算机较少的情况下是可行的，是小企业中常用的安全管理方法，这里的 F 0/1 端口为了连接多台计算机采用的是 HUB 扩充，HUB 只起共享连接作用，本身没有 MAC 地址，所以不影响实验结果。当 PC1 与 PC3 通信时，因为 PC1 的地址已经在 F 0/1 上进行了绑定，所以可以通信。如果 PC2 再与 PC3 通信此时 F 0/1 端口 MAC 表就会超过限制，端口也就因此 down 掉了，如果想恢复需对 F 0/1 端口 shutdown 后再 no shutdown 即可。如果 F 0/1 端口使用 switchport port-security maximum 2 设置安全端口最大连接数为 2，则即便绑定了 PC1 的 MAC 地址，也不能限制 PC2 与 PC3 通信。

任务提升

因为工作需要，很多工作室成员经常使用笔记本电脑在家工作，回到工作室后在自己的工位还要连接网络上传资料，这样原来的设置已经不能满足要求了，所以工作室统一为每个工位安装了一个交换机，只允许再外接一台设备，按此要求对原方案进行修改，拓扑图如图 2-5-3-5 所示。

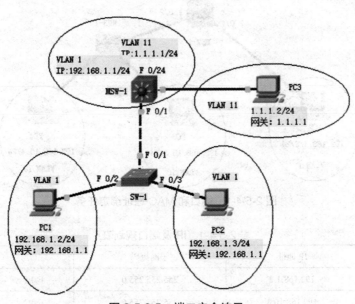

图 2-5-3-5　端口安全练习

任务四　端口和 MAC 地址绑定

通常交换机支持动态学习 MAC 地址的功能，每个端口可以动态学习多个 MAC 地址，从而实现端口之间已知 MAC 地址数据流的转发。当 MAC 地址老化后，则进行广播处理。也就是说，交换机某接口上学习到某 MAC 地址后可以进行转发，如果将连线切换到另外一个接口上交换机将重新学习该 MAC 地址，从而在新切换的接口上实现数据转发。为了安全和便于管理，需要将 MAC 地址与端口进行绑定，通过配置 MAC 地址表的方式进行绑定。即 MAC 地址与端口绑定后，该 MAC 地址的数据流只能从绑定端口进入，不能从其他端口进入，但是不影响其他 MAC 的数据流从该端口进入。

任务明确

工作室采用 port-security 方式管理网络一段时间后，发现成员所带的笔记电脑可以从别人的工位任意连接网络并不受限制，这对网络的安全有很大的隐患。用什么方法能限制报备的工作电脑只能在自己工位的接口接入网络，而不允许从其他接口连入呢？如果你是管理员，按照如图 2-5-4-1 所示的网络拓扑图，怎么才能使 HUB 连线接入 SW-1 的 F 0/2 时 PC3 和其他所有 PC 能通信；当 HUB 连线接入 SW-1 的 F 0/3 时 PC3 不能与 PC2 通信，此时 PC4 能与所有 PC 通信。

操作步骤

按照任务要求规划网络拓扑图（见图 2-5-4-1）和 IP 及端口规划表（见表 2-5-4-1），对照如下操作提示进行相关配置。

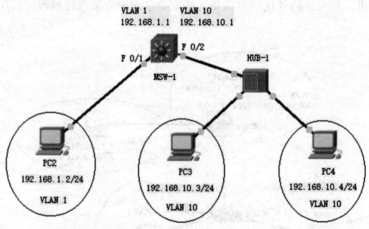

图 2-5-4-1　端口和 MAC 地址绑定任务

表 2-5-4-1　IP 及端口规划表

名称	IP 地址	子网掩码	端口号	VLAN
PC2	192.168.1.2	255.255.255.0	F 0/1	VLAN 1
PC3	192.168.10.3	255.255.255.0	F 0/2	VLAN 10
PC4	192.168.10.4	255.255.255.0	F 0/2	VLAN 10
MSW-1	192.168.1.1	255.255.255.0		VLAN 1
	192.168.10.1	255.255.255.0		VLAN 10

1. MSW-1 的配置

（1）创建 VLAN 10。

（2）将 F 0/2 和 F 0/3 划入 VLAN 10。

（3）创建 VLAN 1 SVI 接口 IP：192.168.1.1/24。

（4）创建 VLAN 10 SVI 接口 IP：192.168.10.1/24。

（5）开启 VLAN 间路由。

（6）使用 MAC 地址表将 F 0/2 端口与 PC3 的 MAC 地址静态绑定。

2. HUB-1 按如图 2-5-4-1 所示连接

3. 配置 PC2、PC3、PC4 的 IP 地址

端口和 MAC
地址绑定

📖 任务落实

步骤 **1**：SW-1 的配置。

```
Switch>enable
Switch#configure terminal
Switch(config)#hostname MSW-1
MSW-1(config)#vlan 10
MSW-1(config-vlan)#exit
MSW-1(config)# interface FastEthernet 0/2
MSW-1(config-if)# switchport access vlan 10
MSW-1(config-if)#exit
MSW-1(config)# interface FastEthernet 0/3
MSW-1(config-if)# switchport access vlan 10
MSW-1(config-if)#exit
MSW-1(config)# interface vlan 10
MSW-1(config-if)# ip add 192.168.10.1 255.255.255.0
MSW-1(config-if)#exit
MSW-1(config)# interface vlan 1
MSW-1(config-if)# ip add 192.168.1.1 255.255.255.0
MSW-1(config-if)# no shutdown
MSW-1(config-if)#exit
MSW-1(config)#ip routing
MSW-1(config)# mac address-table static 0003.e4a8.d5c9 vlan 10 interface FastEthernet 0/2
MSW-1(config)#
```

步骤 **2**：PC2 设置 IP 地址，如图 2-5-4-2 所示。

步骤 **3**：PC3 设置 IP 地址，如图 2-5-4-3 所示。

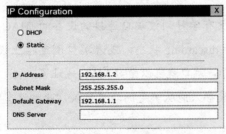

图 2-5-4-2　PC2 设置 IP 地址

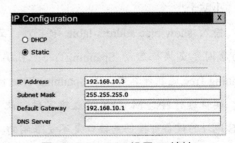

图 2-5-4-3　PC3 设置 IP 地址

步骤 **4**：PC4 设置 IP 地址，如图 2-5-4-4 所示。

步骤 5：测试连通性，当HUB连线接入F 0/2时，所有PC间可以正常通信，如图2-5-4-5所示。

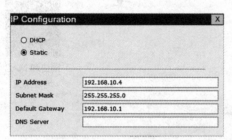

图 2-5-4-4　PC4 设置 IP 地址

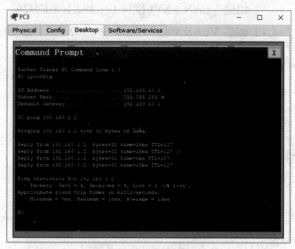

图 2-5-4-5　连通性测试

步骤 6：测试连通性，当 HUB 连线接入 F 0/3（非 F 0/2）时，PC3 不能与 PC2 通信，此时 PC4 能与所有 PC 通信，如图 2-5-4-6 所示。

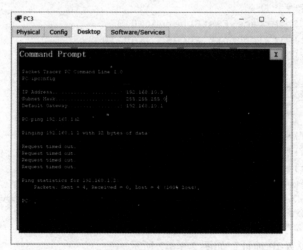

图 2-5-4-6　连通性测试

小贴士

输入 show mac address-table 命令时，某端口没有学习到该端口连接的设备的 MAC。可能的原因是交换机启动 SpanningTree，且端口处于 discarding 状态，或者端口刚连接上设备，Spanning Tree 还在计算中，等 Spanning Tree 计算完毕，端口就可以学习 MAC 地址了。

端口进行静态 MAC 地址表绑定后，此 MAC 设备只能从绑定的端口接入，此时没有限制 MAC 地址的设备可接任意接口是不受限制的。

任务总结

工作室网络交换机 MSW-1 原来使用端口安全（port-security）方式绑定 MAC 并限制设备连

接数，可以禁止在自己的工位接 PC 进入网络，但是如果 PC 不在自己的工位接入，换到别人的工位上连接网络就不受控制了，所以想要某台 PC 只能在特定接口接入，只能使用 MAC 地址表与端口静态绑定的方法来实现。这种方法对于 PC 数不多的部门和企业很适用，方便管理员操作，但是如果要限制的数量比较多，显然设置的工作量太大。

任务提升

工作室因为 PC 数量增多，在网络中又接入了一台二层交换机，此时还要限制报备的工作 PC 只能在自己工位的接口接入网络，而不允许从其他接口接入，假设你作为管理员。按照图 2-5-4-7 所示的网络拓扑图，怎么才能按要求满足如下条件：

（1）当 HUB 连线接入 SW-1 的 F 0/2 时 PC3 和 PC4 都能与所有 PC 通信。

（2）当 HUB 连线接入 SW-1 的 F 0/3 时 PC3 和 PC4 都不能与 PC1 和 PC2 通信。

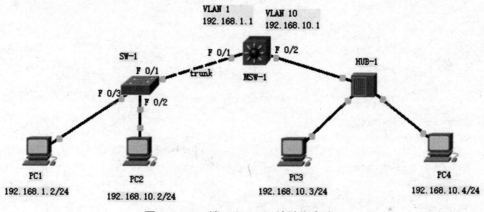

图 2-5-4-7　端口和 MAC 地址绑定练习

模块三
路由器配置与管理

　　路由器是连接两个或多个网络的硬件设备，在网络间起网关的作用，是读取每个数据包中的地址，然后决定如何传送的专用智能性的网络设备。路由器能够理解不同的协议，如局域网使用的以太网协议、因特网使用的 TCP/IP 协议。路由器可以分析各种不同类型网络传来的数据包的目的地址，把非 TCP/IP 网络的地址转换成 TCP/IP 网络地址，或者反向转换，能根据选定的路由算法把各数据包按最佳路线传送到指定位置，路由器可以把非 TCP/ IP 网络连接到因特网上。

　　本模块主要介绍思科路由器配置基础，涉及初始化、访问控制、广域网协议、配置 NAT、综合配置等方面的管理知识。

项目安排

项目一　路由器初始配置与管理
　　任务一　路由器接口简介及线路连接
　　任务二　路由器的初始化
　　任务三　enable 密码丢失的解决方法
项目二　访问控制配置
　　任务一　标准 IP 访问列表
　　任务二　扩展 IP 访问列表
　　任务三　命名访问列表
项目三　广域网协议及其配置
　　任务一　PPP 封装 PAP 验证配置
　　任务二　PPP 封装 CHAP 验证配置

项目四　地址转换配置
　　任务一　NAT 地址转换
　　任务二　PAT 端口地址复用
项目五　路由器的特殊应用
　　任务一　配置 DHCP 和中继代理
　　任务二　单臂路由
项目六　交换机 / 路由器综合实训
　　任务一　综合实训（一）
　　任务二　综合实训（二）

知识目标

◎掌握路由器的初始配置与管理方法
◎掌握路由器的访问控制配置方法
◎掌握广域网协议及其配置
◎掌握并理解路由器的地址转换原理
◎掌握路由器的特殊应用

能力目标

◎能熟练掌握路由器的初始配置及密码恢复方法
◎掌握路由器访问控制列表的使用方法
◎掌握 PPP 的 PAP 和 CHAP 验证方法
◎掌握 NAT 和 PAT 的配置方法

项目一
路由器初始配置与管理

　　路由器（Router），是连接局域网、广域网的必要设备，它会根据通信链路的情况自动选择和设定路由，以最佳路径按前后顺序发送数据信息。路由器是互联网的枢纽、选择网络的核心设备。目前路由器已经广泛应用于各行各业，各种不同档次的产品已成为实现各种骨干网内部和互联网业务互联的重要手段。一台新的路由器，需要进行基础配置才能使用，包括时间、访问密码、IP地址等，在初次配置后我们就可以通过 Telnet 的方式来管理和配置路由器了。首次配置需要通过路由器上的 console 口来实现，多数的操作要在命令行状态下实现，熟悉路由器的配置与管理需要专业学习和练习才能掌握。下面就针对路由器的初始配置和基本管理进行学习。

学习目标

　　（1）了解路由器的接口类型和线路连接。
　　（2）掌握路由器的初始化方法。
　　（3）掌握 enable 密码丢失的解决方法。

知识准备

　　路由器是三层设备，主要功能是进行路径选择和广域网的连接。与交换机相比，接口数量要少很多，但功能要强大得多，这些功能在外观上就是接口、模块的类型比较多，当然价格有很大差异，通常高端的设备都是模块化的，支持的模块类型也很丰富。路由器的端口主要分为局域网端口、广域网端口和配置端口三类，下面分别介绍。

　　（1）RJ-45 端口。RJ-45 端口是最常见的端口，它是常见的双绞线以太网端口。因为在快速以太网中也主要采用双绞线作为传输介质，所以根据端口的通信速率不同，RJ-45 端口又可分为 10Base-T 网 RJ-45 端口和 100Base-TX 网 RJ-45 端口两类。其中，10Base-T 网的 RJ-45 端口在路由器中通常标识为 "ETH"，而 100Base-TX 网的 RJ-45 端口则通常标识为 "10/100bTX"。

　　（2）SC 端口。SC 端口也就是我们常说的光纤端口，它是用于与光纤的连接。光纤端口通常是不直接用光纤连接至工作站，而是通过光纤连接到快速以太网或千兆以太网等具有光纤端口的交换机。这种端口高档路由器才具有，都以 "100b FX" 标注。

（3）广域网接口。路由器不仅能实现局域网之间的连接，更重要的应用还是在于局域网与广域网、广域网与广域网之间的连接。因为广域网规模大、网络环境复杂，所以也就决定了路由器用于连接广域网的端口的速率要求非常高，在以太网中一般都要求在 100 Mbit/s 快速以太网以上。

（4）console 端口。console 端口使用配置专用连线直接连接至计算机的串口，利用终端仿真程序（如 Windows 下的"超级终端"）进行路由器本地配置。路由器的 console 端口多为 RJ-45 端口。

本项目相关交换机初始配置与管理的命令有 config-register、confreg、reload、dir、erase。为了方便开展各任务的学习，将所涉及的命令进行详细讲解。

1. config-register 命令

命令格式：config-register number。

命令功能：修改寄存器值。

命令参数：number 赋值范围从 0x0 到 0xFFFF。

命令模式：全局配置模式或 ROM 模式。

命令举例：在全局配置模式下修改寄存器的值为 0x2102。

```
router#config-register 0x2102
```

2. confreg 命令

命令格式：confreg number。

命令功能：修改寄存器值。

命令参数：number 赋值范围从 0x0 到 0xFFFF。

命令模式：ROM 模式。

命令举例：在 ROM 模式下修改寄存器的值为 0x2142。

```
rommon 1 >confreg 0x2142
```

3. reload 命令

命令格式：reload。

命令功能：重启路由器。

命令参数：无。

命令模式：特权模式。

命令举例：在特权模式下重启路由器。

```
router#reload
```

4. dir 命令

命令格式：dir [file-name | nvram | flash]。

命令功能：使用 dir 命令显示文件和目录名。

命令参数：file-name，显示文件名；nvram，显示 nvram 中文件；flash，显示 flash 中文件。

命令模式：特权模式。

默认情况：系统默认显示 flash 中的文件。

使用指南：册除文件前应使用 dir 检查文件是否存在，确认文件名。

命令举例：显示 nvram 中的文件。

```
router>enable
router#dir nvram
```

5. erase 命令

命令格式：erase <filename>。

命令功能：删除系统中的文件。

命令模式：特权模式。

命令举例：删除配置文件。

```
router>enable
router#erase startup-config
```

任务一 路由器接口简介及线路连接

路由器的接口类型非常多，它们各自用于不同的网络连接，如果不明白各自端口的作用，就很可能进行错误的连接，导致网络连接不正确、网络线路不通。下面我们通过对路由器的几种网络连接接口学习，来进一步理解各种端口的连接应用环境。路由器的硬件连接端口类型种类较多，主要分为局域网设备之间的连接、与广域网设备之间的连接，以及与配置设备之间的连接三类。

任务明确

教学楼和实训楼是两个不同的网络，两栋建筑采用路由器互连。因为教学楼与实训楼距离很远，所以在设计线路时需要使用光纤连接，默认情况下路由器没安装光纤接口，需要增加光纤模块。实训楼的路由器与资源中心的教学资源库服务器 Server 相连，教学校路由器 R1 和实训楼路由器 R2 之间的光纤链路采用 RIP V2 动态路由，现在教学楼内的教务科 PC1 要从实训楼下载资源服务器 Server 上下载资源，模拟这样的需求对网络进行设计。

操作步骤

按照任务要求规划网络拓扑图（见图 3-1-1-1）和 IP 及端口规划表（见表 3-1-1-1），对照如下操作提示进行相关配置。

1. 路由器 R1 的操作步骤

（1）增加光纤接口模块。

（2）配置接口 F 0/1 IP 地址：192.168.3.1/24。

（3）配置接口 F 1/0 IP 地址：192.168.2.2/24。

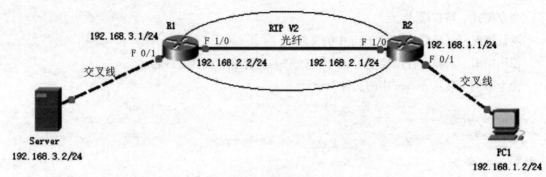

图 3-1-1-1　路由器接口任务

表 3-1-1-1　IP 及端口规划表

名称	IP 地址	子网掩码	端口号	网关
R1	192.168.3.1	255.255.255.0	F 0/1	
	192.168.2.2	255.255.255.0	F 1/0	
R2	192.168.2.1	255.255.255.0	F 1/0	
	192.168.1.1	255.255.255.0	F 0/1	
Server	192.168.3.2	255.255.255.0	F 0/2	192.168.3.1
PC1	192.168.1.2	255.255.255.0	F 0/2	192.168.1.1

（4）配置动态路由协议 RIP V2。

2. 路由器 R2 的操作步骤

（1）增加光纤接口模块。

（2）配置接口 F 1/0 IP 地址：192.168.2.1/24。

（3）配置接口 F 0/1 IP 地址：192.168.1.1/24。

（4）配置动态路由协议 RIP V2。

3. PC 的操作步骤

（1）设置服务器 Server 的 IP 地址。

（2）设置服务器 PC1 的 IP 地址。

📖 任务落实

步骤 **1**：为路由器 R1 和 R2 增加光纤模块，进入到路由器的 Physical 选项卡，先关闭路由器的电源，然后拖动 NM-1FE-FX 模块到第一个空闲槽口上，松开鼠标左键，完成光纤模块的安装，如图 3-1-1-2 所示。接口增加完毕后，再次打开电源，如图 3-1-1-3 所示。

路由器接口简介
及线路连接

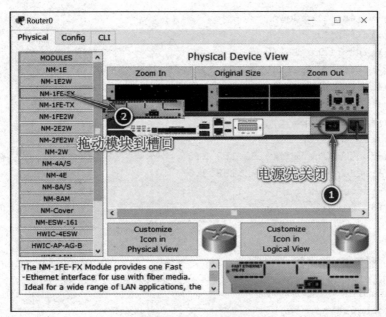

图 3-1-1-2　配置接口

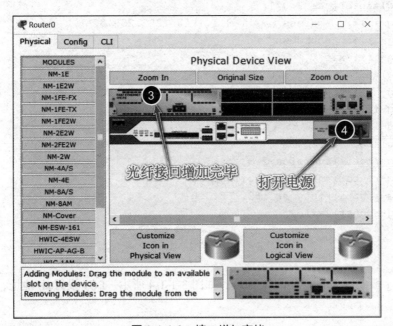

图 3-1-1-3　接口增加完毕

步骤 2：配置 R1 路由器。

```
Router>enable
Router#configure terminal
Router (config)#hostname R1
R1(config)#interface F 0/1
R1(config-if)#ip address 192.168.3.1 255.255.255.0
```

```
R1(config-if)#no shutdown
R1(config-if)#exit
R1(config)#interface F 1/0
R1(config-if)#ip address 192.168.2.2 255.255.255.0
R1(config-if)#no shutdown
R1(config-if)#exit
R1(config)#router rip
R1(config-router)#version 2
R1(config-router)#network 192.168.2.0
R1(config-router)#network 192.168.3.0
R1(config-router)#exit
R1(config)#
```

步骤 3：配置 R2 路由器

```
Router>enable
Router#configure terminal
Router (config)#hostname R2
R2(config)#interface F 0/1
R2(config-if)#ip address 192.168.1.1 255.255.255.0
R2(config-if)#no shutdown
R2(config-if)#exit
R2(config)#interface F 1/0
R2(config-if)#ip address 192.168.2.1 255.255.255.0
R2(config-if)#no shutdown
R2(config-if)#exit
R2(config)#router rip
R2(config-router)#version 2
R2(config-router)#network 192.168.1.0
R2(config-router)#network 192.168.2.0
R2(config-router)#exit
R2(config)#
```

步骤 4：服务器 Server 设置 IP 地址，如图 3-1-1-4 所示。PC1 设置 IP 地址，如图 3-1-1-5
所示。

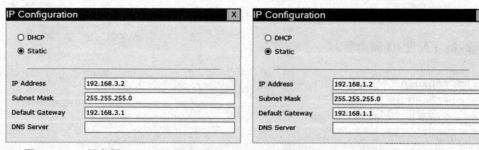

图 3-1-1-4　服务器 Server 设置 IP 地址　　　　图 3-1-1-5　PC1 设置 IP 地址

小贴士

（1）路由器的接口与交换机的端口不同，设置好 IP 地址后默认状态下是关闭的，需要使用 no shutdown 命令打开端口。

（2）路由器增加模块要先关闭电源，如果此时已经进行了部分配置，一定要先用 write 命令保存当前配置，不然配置会因为断电丢失。

总结任务

路由器的接口类型较多，这里涉及的几种常见的一定要掌握，PC 与路由器、路由器与路由器之间连接应该使用交叉线进行连接，如果接口不足或需要别的类型接口可以在路由器的 Physical 选项卡中找到支持的模口，按本任务的方法进行安装。

本任务中路由器的配置和管理是最基本的方法，在前面部分任务中有关知识已经涉及，所以这里不进行详细讲述，希望读者认真总结。

任务提升

教学楼、行政楼和实训楼三栋建筑采用两台路由器及一台三层交换机互连。距离远的采用光纤连接，距离近的采用双绞线连接，按下面的网络拓扑图（见图 3-1-1-6）搭建网络，模拟实际需求对系统进行设计，使全网互通。

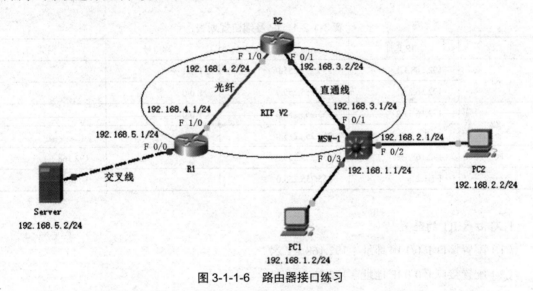

图 3-1-1-6 路由器接口练习

任务二 路由器的初始化

对新买来的路由器在使用前要进行初始化设置，配置路由器需要使用配制线与设备连接进行管理，当路由器修改或重新恢复出厂时要将原有的配置清空，还需再次进行初始化。

任务明确

学校的网络已经安装完毕，为了今后管理方便，避免每次设置都来现场操作，管理员应该对设备配置管理密码，开启远程管理模式，这样就可以利用 Web 或 Telnet 等方式远程管理，按照网管中心的新要求，配置全部设备的 enable 密码为 123456，使用 admin 账号远程登录，密码为 654321。为了加快旧设备的配置，我们直接将原来的配置清空再进行配置。

操作步骤

按照任务要求规划网络拓扑图（见图 3-1-2-1）和 IP 及端口规划表（见表 3-1-2-1），对照如下操作提示进行相关配置。

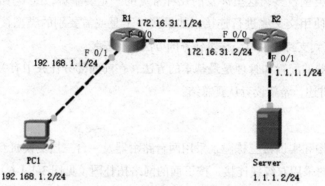

图 3-1-2-1　路由器的初始化任务

表 3-1-2-1　IP 及端口规划表

名称	IP 地址	子网掩码	端口号	网关
R1	192.168.1.1	255.255.255.0	F 0/1	
	172.16.31.1	255.255.255.0	F 0/0	
R2	172.16.31.2	255.255.255.0	F 0/0	
	1.1.1.1	255.255.255.0	F 0/1	
PC1	192.168.1.2	255.255.255.0		192.168.1.1
Server	1.1.1.2	255.255.255.0		1.1.1.1

1. 路由器 R1 的配置

（1）配置接口 F 0/1 IP 地址：192.168.1.1/24。

（2）配置接口 F 0/0 IP 地址：172.16.31.1/24。

（3）配置默认路由。

（4）配置 enable 密码为 123456。

（5）配置远程登录用户名为 admin；密码为 654321。

（6）保存配置

2. 路由器 R2 的配置

（1）配置接口 F 0/0 IP 地址：172.16.31.2/24。

（2）配置接口 F 0/1 IP 地址：1.1.1.1/24。

（3）配置默认路由。

（4）配置 enable 密码为 123456。

（5）配置远程登录用户名为 admin ；密码为 654321。

（6）保存配置。

3. PC 的配置

（1）设置服务器 Server 的 IP 地址，可以远程管理 R1 和 R2。

（2）设置服务器 PC1 的 IP 地址，可以远程管理 R1 和 R2。

4. 进行测试

（1）测试之后将全部配置清空恢复到出厂。

（2）再次进行一次配置，模拟清空设备配置。

📑 任务落实

步骤 ① ：PC1 的 IP 配置，如图 3-1-2-2 所示；Server 的 IP 配置，如图 3-1-2-3 所示。

路由器的初始化

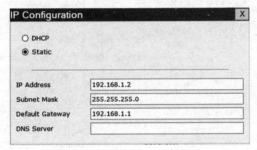

图 3-1-2-2　PC1 的 IP 配置

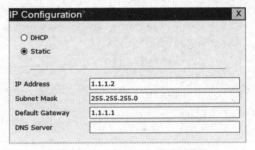

图 3-1-2-3　Server 的 IP 配置

步骤 ② ：R1 的配置。

```
Router>enable
Router#configure terminal
Router (config)#hostname R1
R1(config)#interface F 0/1
R1(config-if)#ip address 192.168.1.1 255.255.255.0
R1(config-if)#no shutdown
R1(config-if)#exit
R1(config)#interface F 0/0
R1(config-if)#ip address 172.16.31.1 255.255.255.0
R1(config-if)#no shutdown
R1(config-if)#exit
R1(config)#ip route 0.0.0.0 0.0.0.0 172.16.31.2
R1(config)#enable password 123456
R1(config)# username admin password 654321
R1(config)#line vty 0 4
```

```
R1(config-line)#login local
R1(config-line)#exit
R1(config)#exit
R1# write
```

步骤 **3**：R2 的配置。

```
Router>enable
Router#configure terminal
Router (config)#hostname R2
R2(config)#interface F 0/0
R2(config-if)#ip address 172.16.31.2 255.255.255.0
R2(config-if)#no shutdown
R2(config-if)#exit
R2(config)#interface F 0/1
R2(config-if)#ip address 1.1.1.1 255.255.255.0
R2(config-if)#no shutdown
R2(config-if)#exit
R2(config)#ip route 0.0.0.0 0.0.0.0 172.16.31.1
R2(config)#enable password 123456
R2(config)# username admin password 654321
R2(config)#line vty 0 4
R2(config-line)#login local
R2(config-line)#exit
R2(config)#exit
R2# write
```

步骤 **4**：测试连通性，如图 3-1-2-4 所示。

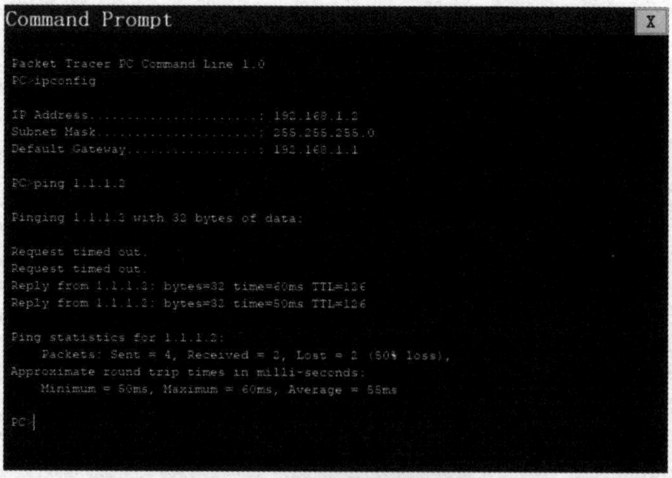

图 3-1-2-4　连通性测试效果

步骤 **5**：在 Server 上使用 telnet 命令远程登录路由器 R1，操作如图 3-1-2-5 所示。

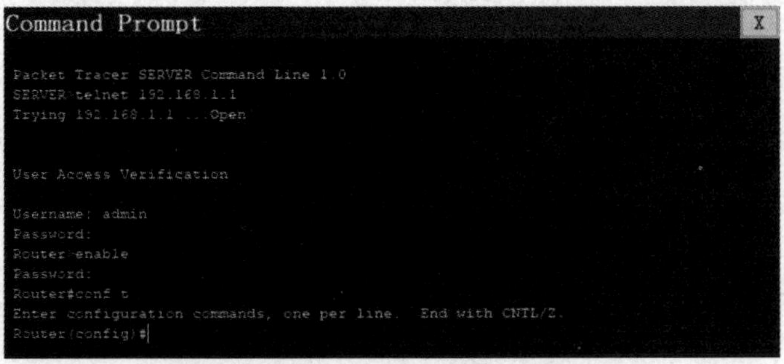

图 3-1-2-5　Telnet 远程登录效果

步骤 6：删除路由器 R1、R2 的配置文件。重复步骤 2~5 的操作过程，模拟清空设备配置。

```
R1>enable
Password:                       // 提示输入密码
R1#dir nvram:                   // 显示 nvram 中的配置文件
Directory of nvram:/
  238  -rw-        539         <no date>  startup-config
539 bytes total (237588 bytes free)
R1#erase startup-config         // 删除配置文件
```

小贴士

（1）注意在进行 Telnet 登录前最好先进行连通性测试，以便确认通信是否正常。

（2）本任务设置了 enable password 123456，也可以使用 enable secret 123456，如果同时设置两项，只有 enable secret 起作用。

（3）本任务开启了 5 个客户端，所以 PC1 和 PC2 可以同时登录交换机进行操作，但同一时间只能保留一个操作结果。

（4）为了方便下一次继续进行实训任务，最好使用保存命令 write 对配置进行保存。

（5）路由器等网络设备如果需要清空配置，最简单的方法就是删除保存的配置文件，这样所有的配置就被清空了，删除前最好备份，避免误操作。

任务总结

网络设备远程管理是最常用的管理方式，这种管理方法可以方便管理异地的设备而不用到机房操作，管理员只要规划好网络中的交换机等设备的管理 IP 和管理权限，便可以非常方便地远程操作调控设备。

本任务的路由器只是一个设备代表，这个任务只是最基本管理方法，在实际的管理中还有大量的安全操作，希望读者认真总结。

任务提升

学校为了网络设备使用安全，管理员给设备配置管理密码，开启远程管理模式，这样就可以利用 Telnet 等方式远程管理。按照要求配置全部设备的 enable 密码为 123456，使用 admin 账号远程登录，密码为 654321。使用静态路由使全网络互通，可以在 PC1 上远程管理全部网络设备，拓扑图如图 3-1-2-6 所示。

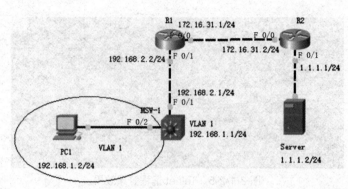

图 3-1-2-6 路由器初始化练习

◎ 任务三 enable 密码丢失的解决方法

在网络的路由器使用中，为了保证安全，管理员都会给设备设置各种密码，但是如果时间长了，管理员也不记得密码了，这时如何处理网络设备密码丢失问题？文件密码可以用软件恢复，但路由器密码不能用这些方法找回，我们需要用路由器特有的方法来对密码进行恢复，本任务我们就来学习这种方法。

🖳 任务明确

因为时间久远，管理员忘记了路由器的 enable 密码，现在操作没有特权无法控制，此时想给路由器换一个新密码，用什么方法既不破坏设备又可以解决问题。

🖧 操作步骤

按照任务要求规划网络拓扑图（见图 3-1-3-1）和 IP 及端口规划表（见表 3-1-3-1），对照如下操作提示进行相关配置。

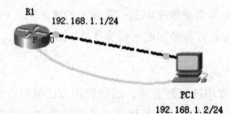

图 3-1-3-1 路由器 enable 密码任务

表 3-1-3-1 IP 及端口规划表

名称	IP 地址	子网掩码	端口号	网关
PC1	192.168.1.2	255.255.255.0		192.168.1.1
R1	192.168.1.1	255.255.255.0	F 0/0	

（1）使用配置线缆连接计算机和路由器的 Console 接口。

（2）在路由器重启的时候，出现"####"时按下 [Ctrl+Break] 组合键，进入路由器的 ROM 模式，使用命令 confreg 0x2142 修改寄存器值。

（3）再次重启路由器进入配置模式，重新设置特权密码并保存。使用命令 config-register 0x2102 修改寄存器值。

（4）第三次重启路由器，现在的密码修改为新密码，并且已经生效。

📖 任务落实

步骤 1：PC1 配置 IP 地址，如图 3-1-3-2 所示。

enable 密码丢失的
解决方法

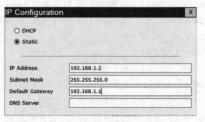

图 3-1-3-2 PC1 配置 IP 地址

步骤 2：在 R1 路由器上操作。先配置 enable 密码和远程管理密码，模拟原来的状态。

```
Router>enable
Router#configure terminal
Router (config)#hostname R1
R1(config)#interface F 0/0
R1(config-if)#ip address 192.168.1.1 255.255.255.0
R1(config-if)#no shutdown
R1(config-if)#exit
R1(config)#enable password 123456
R1(config)# username admin password 654321
R1(config)#line vty 0 4
R1(config-line)#login local
R1(config-line)#exit
R1(config)#exit
R1# write          //保存配置文件
```

步骤 3：重启路由器，在 PC1 上使用远程管理验证 enable 密码处于有效状态，如图 3-1-3-3 所示。

图 3-1-3-3 验证 enanle 密码

步骤 4：再次重启路由器，重启路由器时，出现"####"时按下 [Ctrl+Break] 组合键进入路由器的 ROM 模式，修改寄存器值，效果如下：

```
                      Proceed with reload? [confirm]
%SYS-5-RELOAD: Reload requested by console. Reload Reason: Reload Command.

System Bootstrap, Version 12.1(3r)T2, RELEASE SOFTWARE (fc1)
Copyright (c) 2000 by cisco Systems, Inc.
cisco 2811 (MPC860) processor (revision 0x200) with 60416K/5120K bytes of memory

Self decompressing the image :
######                                       // 此处按下 [Ctrl+Break] 组合键
monitor: command "boot" aborted due to user interrupt
rommon 1 > ?
boot                boot up an external process
confreg             configuration register utility
dir                    list files in file system
help                monitor builtin command help
reset               system reset
set                  display the monitor variables
tftpdnld            tftp image download
unset               unset a monitor variable
rommon 2 > confreg 0x2142              // 修改寄存器的值为 0x2142
rommon 3 >boot                         // 重新启动
```

步骤 5：进入路由器配置模式，重新设置特权密码为 abc123。使用命令 config-register 0x2102 修改寄存器值。

```
Router>enable
Router#configure t
Enter configuration commands, one per line.  End with CNTL/Z.
Router (config)#enable password abc123          // 重新设置特权密码为 abc123
Router (config)#config-register 0x2102          // 修改寄存器的值为 0x2102
Router (config)#exit
Router #write
Router #reload
```

小贴士

路由器寄存器值 0x2102 是默认的加载 startup-config 文件；0x2142 是不加载 startup-config 文件的，前面我们把路由器寄存器值修改成了 0x2142，现在只要把它修改成 0x2102 就能保存信息。

任务总结

网络设备管理遗忘密码也是很常见的现象，当我们遇到 enable 密码或其他密码丢失时，可以参照本任务的做法进行修改和恢复。实际中熟练掌握命令和操作技巧非常必要，通过本任务初步练习，基本可掌握部分常规技巧操作，读者要及时练习，多做实例，熟能生巧。

任务提升

因为长时间不对设备进行维护，管理员把设备的 enable 密码忘记了，请帮助管理员修改并重新设置 R1 和 MSW-1 的 enable 密码，使网络恢复正常工作，能使用新密码管理设备，拓扑图如图 3-1-3-4 所示。

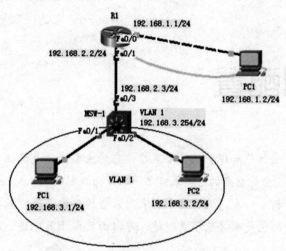

图 3-1-3-4 路由器 enable 密码练习

项目二
访问控制配置

访问控制是网络安全防范和保护的主要策略，它的主要任务是保证网络资源不被非法使用和访问。它是保证网络安全最重要的核心策略之一，访问控制列表（Access Control Lists，ACL）是应用在路由器接口的指令列表。这些指令列表用来告诉路由器哪些数据包可以接收、哪些数据包需要拒绝。至于数据包是被接收还是拒绝，可以由类似于源地址、目的地址、端口号等的特定指示条件来决定。

学习目标

（1）了解掌握标准 IP 访问列表。
（2）掌握扩展 IP 访问列表。
（3）掌握命名访问列表。

知识准备

IP 访问列表（ACL）分为两种：标准 IP 访问列表和扩展 IP 访问列表，编号范围分别为 1~99、100~199。标准 IP 访问列表可以根据数据包的源 IP 地址定义规则，进行数据包的过滤。

扩展 IP 访问列表可以根据数据包的源 IP、目的 IP、源端口、目的端口、协议来定义规则，进行数据包的过滤。IP ACL 基于接口进行规则的应用，分为入栈应用和出栈应用。扩展 ACL 比标准 ACL 提供了更广泛的控制范围。比如允许外来的 Web 通信流量通过，拒绝外来的 FTP 和 Telnet 等通信流量，用扩展 ACL 比标准 ACL 控制更精确。

命名控制列表就是给控制列表取个名字，而不是像上面所述的使用访问控制列表号。通过命令访问控制列表可以很方便地管理 ACL 规则，可以随便添加和删除规则，而无须删除整个访问控制列表，所以命名访问控制列表更方便管理和使用。

ACL 的处理过程：
（1）判断只有两种结果，要么是拒绝（deny），要么是允许（permit）。
（2）按照由上而下的顺序处理列表中的语句。
（3）语句排序处理时，不匹配规则就一直向下查找，一旦某条语句匹配，后续语句将不再处理。

（4）隐含拒绝，如果所有语句执行完毕后，没有匹配条目默认丢弃数据包，在控制列表的末尾有一条默认拒绝所有的语句，是隐藏的（deny）。

ACL 能执行两个操作：允许或拒绝。语句自上而下执行。一旦发现匹配，后续语句就不再进行处理，因此先后顺序很重要。如果没有找到匹配的语句，ACL 末尾不可见的隐含拒绝语句将丢弃分组。一个 ACL 应该至少有一条 permit 语句，否则所有流量都会丢弃，因为每个 ACL 末尾都有隐藏的隐含拒绝语句。

本项目相关访问控制的配置命令有 access-list、ip access extended、ip access standard、ip access-group。为了方便开展任务的学习，将所涉及的命令进行详细讲解。

1. access-list (standard) 命令

命令格式：access-list <1-99> {deny | permit} {{< Address > < Wildcard bits >} | any-source | {host-source < Host address >}}。

命令功能：创建一条数字标准 IP 访问列表，如果已有此访问列表，则增加一条 rule 表项。

命令参数：<1-99> 为访问表标号，1-99；< Address > 为源 IP 地址，格式为点分十进制；< Wildcard bits > 为源 IP 的反掩码，格式为点分十进制；any-source 为任意源；host-source 为源主机；Host address 为主机地址。

命令模式：全局配置模式。

默认情况：没有配置任何的访问列表。

使用指南：当用户第一次指定特定 <1-99> 时，创建此编号的 ACL，之后在此 ACL 中添加表项。

命令举例：创建一条编号为 20 的数字标准 IP 访问列表，允许源地址为 192.168.1.0/24 的数据包通过，拒绝其余源地址为 10.2.1.0/16 的数据包通过。

```
router(Config)#access-list 20 permit 192.168.1.0 0.0.0.255
router (Config)#access-list 20 deny 10.2.1.0 0.0.255.255
```

2. access-list (extended) 命令

命令格式：access-list <100-199> {deny | permit} code …

命令功能：创建一条匹配特定 IP 协议或所有 IP 协议的数字扩展 IP 访问规则，如果此编号数字扩展访问列表不存在，则创建此访问列表。

命令参数：<100-199> 为访问表标号；permit 表示允许数据包通过；deny 表示拒绝数据包通过；code 为协议类型等。

命令模式：全局配置模式。

默认情况：没有配置任何的访问列表。

使用指南：当用户第一次指定特定 <num> 时，创建此编号的 ACL，之后在此 ACL 中添加表项。

命令举例：创建编号为 110 的数字扩展访问列表。拒绝 icmp 报文通过，允许目的地址为192.168.0.1 目的端口为 32 的 udp 包通过。

```
router (Config)#access-list 110 deny icmp any any
```

```
router (Config)#access-list 110 permit udp any host 192.168.0.1 eq 32
```

3. ip access extended 命令

命令格式：ip access extended <name>。

命令功能：创建一条命名扩展 IP 访问列表。

命令参数：<name> 为访问表表名，字符串长度为 1~8，不允许为纯数字序列。

命令模式：全局配置模式。

使用指南：第一次调用此命令后，只是创建一个空的命名访问列表，其中不包含任何表项。

命令举例：创建一条名为 abc 的命名扩展 IP 访问列表。

```
router(Config)#ip access-list extended abc
```

4. ip access standard 命令

命令格式：ip access standard <name>

命令功能：创建一条命名标准 IP 访问列表。

命令参数：<name> 为访问表表名，字符串长度为 1~8，不允许为纯数字序列。

命令模式：全局配置模式。

使用指南：第一次调用此命令后，只是创建一个空的命名访问列表，其中不包含任何表项。

命令举例：创建一条名为 xyz 的命名标准 IP 访问列表。

```
router(Config)#ip access-list standard xyz
```

5. ip access-group 命令

命令格式：ip access-group <name> {in|out}。

相关命令：no ip access-group <name> {in|out}。

命令功能：在端口的入口方向上应用一条 access-list。

命令参数：<name> 为命名访问表的名字，字符串长度为 1~8。

命令模式：端口配置模式。

默认情况：没有绑定任何 ACL。

使用指南：一个端口只可以绑定一条规则，in 或 out 不能同时使用。

命令举例：将名为 a123 的访问列表绑定到端口的入口方向上。

```
router (Config-if)#ip access-group a123 in
```

◎ 任务一　标准 IP 访问列表

标准访问控制列表是根据数据包的源 IP 地址来允许或拒绝数据包，标准访问控制列表的访问控制列表号是 1~99。

🖥 任务明确

财务科有两台 PC：其中一台 PC2 装有财务专用软件，不允许访问互联网 PC1；另外一台 PC3 是办公用的 PC，需要访问互联网 PC1。PC2、PC3 可以互访。请在路由器 R1 上使用标准数字访问列表方式进行限制。

操作步骤

按照任务要求规划网络拓扑图（见图 3-2-1-1）和 IP 及端口规划表（见表 3-2-1-1），按如下操作提示进行相关配置。

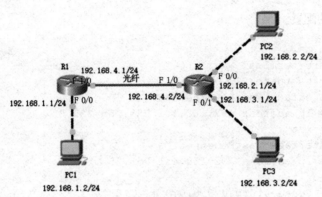

图 3-2-1-1 标准访问列表任务

表 3-2-1-1 IP 及端口规划表

名称	IP 地址	子网掩码	端口号	网关
PC1	192.168.1.2	255.255.255.0		192.168.1.1
PC2	192.168.2.2	255.255.255.0		192.168.2.1
PC3	192.168.3.2	255.255.255.0		192.168.3.1
R1	192.168.1.1	255.255.255.0	F 0/0	
	192.168.4.1	255.255.255.0	F 1/0	
R2	192.168.4.2	255.255.255.0	F 1/0	
	192.168.2.1	255.255.255.0	F 0/0	
	192.168.3.1	255.255.255.0	F 0/1	

1. R1 的配置步骤

（1）设置 F 0/0 接口地址为 192.168.1.1/24。

（2）设置 F 0/1 接口地址为 192.168.4.1/24。

（3）建立标准访问列表拒绝 192.168.2.2 主机。

（4）将访问列表绑到相应的端口上。

（5）设置默认路由使网络互通。

2. R2 的配置步骤

（1）设置 F 1/0 接口地址为 192.168.4.2/24。

（2）设置 F 0/0 接口地址为 192.168.2.1/24。

（3）设置 F 0/1 接口地址为 192.168.3.1/24。

（4）设置默认路由使网络互通。

3. 设置各 PC 的 IP 地址

4. 测试效果

📖 **任务落实**

步骤 1：PC 的配置。PC1~ PC3 的 IP 地址按 IP 及端口规划表进行配置，如表 3-2-1-1 所示，此处略。

步骤 2：R1 的配置。

```
Router>enable
Router#configure terminal
Router(config)#hostname R1
R1(config)# interface FastEthernet0/0
R1(config-if)# ip address 192.168.1.1 255.255.255.0
R1(config-if)#exit
R1(config)# interface FastEthernet1/0
R1(config-if)# ip address 192.168.4.1 255.255.255.0
R1(config-if)#exit
R1(config)# ip route 0.0.0.0 0.0.0.0 192.168.4.2
R1(config)#
```

步骤 3：R2 的配置。

```
Router>enable
Router#configure terminal
Router(config)#hostname R2
R2(config)# interface FastEthernet1/0
R2(config-if)# ip address 192.168.4.2 255.255.255.0
R2(config-if)#exit
R2(config)# interface FastEthernet0/0
R2(config-if)# ip address 192.168.2.1 255.255.255.0
R2(config-if)#exit
R2(config)# interface FastEthernet0/1
R2(config-if)# ip address 192.168.3.1 255.255.255.0
R2(config-if)#exit
R2(config)# ip route 0.0.0.0 0.0.0.0 192.168.4.1
R2(config)#
```

步骤 4：在 PC1 上测试配置，PC1 可以访问 PC2，如图 3-2-1-2 所示，PC1 可以访问 PC3，如图 3-2-1-3 所示。

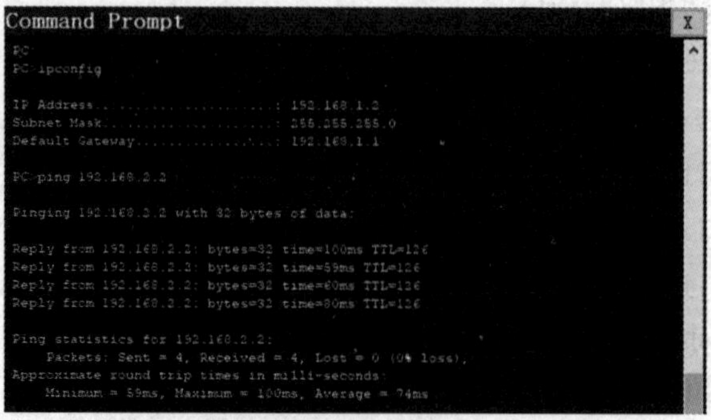

图 3-2-1-2　PC1 访问 PC2

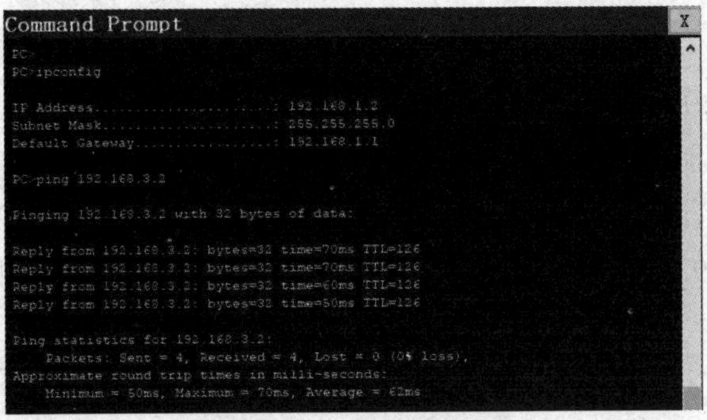

图 3-2-1-3　PC1 访问 PC3

步骤 5：在 R1 配置数字访问列表并绑定在端口 F 1/0 的 in 方向。

```
R1(config)#access-list 1 deny host 192.168.2.2
R1(config)#access-list 1 permit any
R1(config)# interface F 1/0
R1(config-if)# ip access-group 1 in
R1(config-if)#exit
R1(config)#
```

　　步骤 6：在 PC1 上再次测试配置，PC1 已经不能访问 PC2 了，如图 3-2-1-4 所示。其他 PC 间可以互访。

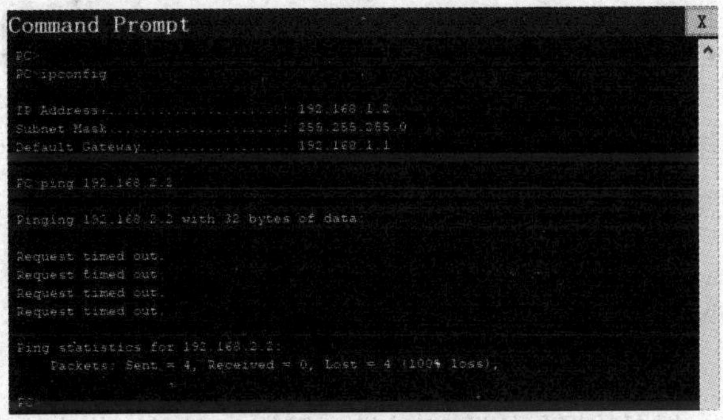

图 3-2-1-4　再次测试连通性

小贴士

（1）访问列表项是从前向后对表项按规则进行顺序匹配，满足匹配即停止，不再继续往后匹配，不匹配则使用默认规则的方式来过滤数据包。

（2）访问列表项的默认项为 deny any，即最后一项不加隐含，是 deny any。

（3）访问列表绑定在端口有 in 和 out 方向，即进入设备和流出设备方向。

任务总结

本任务涉及的是数字标准访问控制列表的知识，这里只能过虑 IP 包中的源地址或源地址中的一部分，本任务只限制 192.168.2.2 主机地址，其他的源地址不做限制，列表项中的最后一项非常重要，如果不加 permit any，那么所有 IP 包都会被限制。因为是在 F 1/0 的 in 方向进行限制，所以源地址为 192.168.2.2 的 IP 包不能进入到路由器 R1，这样就限制了 PC1，使其不能与 PC2 互访。

任务提升

财务科的两台 PC 因为功能的需求，只允许 PC2 可以与互联网上的 PC4 相互通信，PC3 可以与互联网上的 PC1 相互通信，在同一台路由器上 PC 之间可以互访，其他跨两台路由器的 PC 间通信都被禁止。请在路由器 R1 上使用标准数字访问列表方式进行限制，拓扑图如图 3-2-1-5 所示。

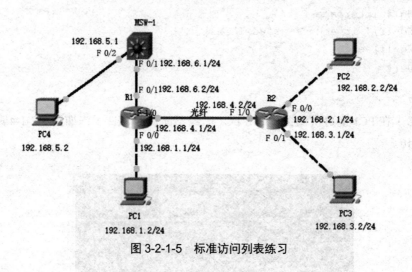

图 3-2-1-5 标准访问列表练习

任务二 扩展 IP 访问列表

扩展访问控制列表：根据数据包的源 IP 地址、目的 IP 地址、指定协议、端口和标志来允许或拒绝数据包。扩展访问控制列表的访问控制列表号是 100~199。

任务明确

学生会有两台 PC，其中 PC1 是老师使用的主机，允许上网并且可以和 PC2 互访。PC2 是学生使用的主机，不允许访问 Server 服务上的网站，学生会的两台 PC 及互联主机 Server 相互之间都可以 ping 通，请在路由器 R1 上使用扩展 IP 访问列表功能完成任务。

操作步骤

按照任务要求规划网络拓扑图（见图 3-2-2-1）和 IP 及端口规划表（见表 3-2-2-1），按如下操作提示进行相关配置。

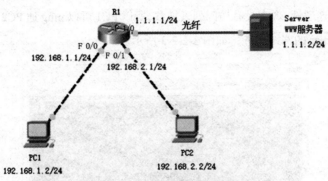

图 3-2-2-1　扩展访问列表任务

表 3-2-2-1　IP 及端口规划表

名称	IP 地址	子网掩码	端口号	网关
PC1	192.168.1.2	255.255.255.0	F 0/1	192.168.1.1
PC2	192.168.2.2	255.255.255.0	F 0/2	192.168.2.1
Server	1.1.1.2	255.255.255.0	F 0/3	1.1.1.1
R1	192.168.1.1	255.255.255.0	F 0/0	
	192.168.2.1	255.255.255.0	F 0/1	
	1.1.1.1	255.255.255.0	F 1/0	

1. 按拓扑图配置 IP

2. 在路由器上配置

（1）配置扩展 ACL（数字列表为 100）。

（2）ACL 禁止 PC2 访问 WWW 服务器的网站（但能 ping 通 WWW 服务器）。

（3）ACL 使各 PC 之间其他通信不受影响。

任务落实

步骤 1：PC 的配置。PC1、PC2、Server 的 IP 地址按拓扑图（见图 3-2-2-1）

进行配置，参照 IP 及端口规划表，如表 3-2-2-1 所示。

扩展 IP 访问列表

步骤 2：R1 的配置。

```
Router>enable
Router#configure terminal
Router(config)#hostname R1
R1(config)# interface F 0/0
R1(config-if)# ip address 192.168.1.1 255.255.255.0
R1(config-if)#exit
R1(config)# interface F 1/0
R1(config-if)# ip address 1.1.1.1 255.255.255.0
R1(config-if)#exit
R1(config)# interface F 0/1
R1(config-if)# ip address 192.168.2.1 255.255.255.0
R1(config-if)#exit
R1(config)#
```

步骤 3:测试连通性,现在没有访问列表加载,所以 PC1 可以 ping 通 PC2,如图 3-2-2-2 所示; PC2 也可以访问 Server 的网站服务, 如图 3-2-2-3 所示。

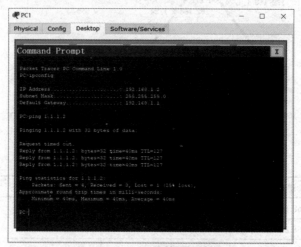

图 3-2-2-2 连通性测试效果图

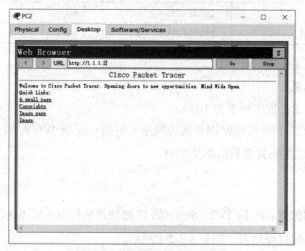

图 3-2-2-3 访问 Server 测试

步骤 4:补充 R1 的配置。在前面的基础上增加如下配置。

```
R1(config)# access-list 100 deny tcp host 192.168.2.2 1.1.1.0 0.0.0.255 eq www
R1(config)# access-list 100 permit ip any any
R1(config)# interface F 0/1
R1(config-if)# ip access-group 100 in
R1(config-if)#exit
R1(config)#
```

步骤 5:再次测试连通性, 由于访问列表的加载 PC2 主机已经不能访问 Server 的网站了, 如图 3-2-2-4 所示。因为列表中没有限制 ICMP 协议, 所以还可以 ping 通 Sever 服务器, 如图 3-2-2-5 所示。

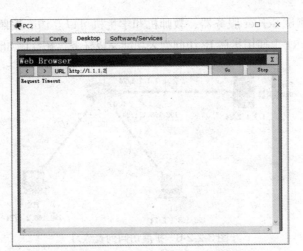

图 3-2-2-4 再次访问 Server 测试

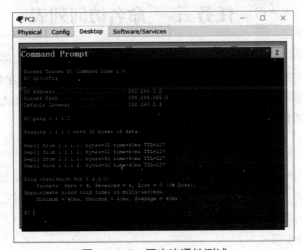

图 3-2-2-5 再次连通性测试

小贴士

扩展 IP 访问控制列表比标准 IP 访问控制列表具有更多的匹配项，包括协议类型、源地址、目的地址、源端口、目的端口、建立连接的和 IP 优先级等。编号范围是从 100~199 的访问控制列表是扩展 IP 访问控制列表。

任务总结

扩展访问列表的功能强大，可以控制的项目更多，既可以限制原地址也可以限制目的地址，还能限制协议类型和端口号，相比标准访问列表复杂很多，本任务中的扩展访问列表项是禁止地址为 192.168.2.2 的主机访问 1.1.1.0 网络中的所有主机的 80 端口，如果将 192.168.2.2 地址改为 192.168.2.3 便可突破限制了。能达到本任务效果的方法有很多种，这里只是做功能讲解，实际中还有很多具体的操作和细节需要注意，希望读者认真体会。

任务提升

因为学生会近期有活动，想让学生机 PC2 也可以上网帮助老师查资料，但为了安全不能使学生机 PC2 ping 测试 Server 服务器，教师机和学生机可以互访。按照新要求，管理员应如何设置？请在路由器 R1 上使用扩展 IP 访问列表功能完成任务，拓扑图如图 3-2-2-6 所示。

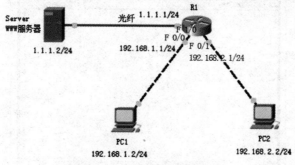

图 3-2-2-6　扩展访问列表练习

◎ 任务三　命名访问列表

不管是标准数字访问控制列表还是扩展数字访问控制列表都有一个弊端，那就是当设置好 ACL 的规则后发现其中的某条有问题，希望进行修改或删除的话只能将全部 ACL 信息都删除。也就是说修改一条或删除一条都会影响到整个 ACL 列表。这个缺点很不方便，为我们带来了繁重的负担，此时可以使用基于名称的访问控制列表来解决这个问题。

任务明确

财务室有两台 PC，其中 PC1 是办公电脑，可以上网（访问 WWW 服务器 80 端口）；PC2 上装有重要的财务数据，不允许访问互联网的 WWW 服务器。为了内网安全，PC1 和 PC2 不允许相互通信，请在路由器 R1 上使用扩展 IP 访问列表功能完成任务。为了以后维护方便。所有列表均使用命名访问列表形式。

操作步骤

按照任务要求规划网络拓扑图（见图 3-2-3-1）和 IP 及端口规划表（见表 3-2-3-1），按如下操作提示进行相关配置。

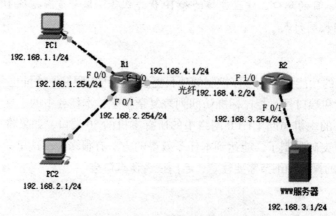

图 3-2-3-1　命名访问列表任务拓扑图

表 3-2-3-1　IP 及端口规划表

名称	IP 地址	子网掩码	端口号	网关
PC1	192.168.1.1	255.255.255.0		192.168.1.254
PC2	192.168.2.1	255.255.255.0		192.168.2.254
WWW 服务器	192.168.3.1	255.255.255.0		192.168.3.254
R1	192.168.1.254	255.255.255.0	F 0/0	
	192.168.2.254	255.255.255.0	F 0/1	
	192.168.4.1	255.255.255.0	F 1/0	
R2	192.168.4.2	255.255.255.0	F 1/0	
	192.168.3.254	255.255.255.0	F 0/1	

1. R1 的设置

（1）设置 F 0/0 接口地址为 192.168.1.254/24。

（2）设置 F 0/1 接口地址为 192.168.2.254/24。

（3）设置 f 1/0 接口地址为 192.168.4.1/24。

（4）配置静态路由。

2. R2 的设置

（1）设置 F 1/0 接口地址为 192.168.4.2/24。

（2）建立标准访问列表拒绝 192.168.2.1 主机。

（3）将访问列表绑到相应的端口上。

（4）配置默认路由。

3. 设置各 PC 的 IP 地址

4. 测试效果

📖 **任务落实**

步骤 1：PC 的配置。PC1、PC2、WWW 服务器的 IP 地址按拓扑图（见图 3-2-3-1）进行配置，参照 IP 及端口规划表，如表 3-2-3-1 所示。

步骤 2：R1 的配置。先在路由器上增加光纤模块扩充接口，然后进行如下配置步骤。

命名访问列表

```
Router>enable
Router#configure terminal
Router(config)#hostname R1
R1(config)# interface F 0/0
R1(config-if)# ip address 192.168.1.254 255.255.255.0
R1(config-if)#exit
R1(config)# interface F 1/0
R1(config-if)# ip address 192.168.4.1 255.255.255.0
R1(config-if)#exit
R1(config)# interface F 0/1
R1(config-if)# ip address 192.168.2.254 255.255.255.0
R1(config-if)#exit
R1(config)# ip route 0.0.0.0 0.0.0.0 192.168.4.2
R1(config)#
```

步骤 3：R2 的配置。先在路由器上增加光纤模块扩充接口，然后进行如下配置步骤。

```
Router>enable
Router#configure terminal
Router(config)#hostname R2
R2(config)# interface F 1/0
R2(config-if)# ip address 192.168.4.2 255.255.255.0
R2(config-if)#exit
R2(config)# interface F 0/1
R2(config-if)# ip address 192.168.3.254 255.255.255.0
R2(config-if)#exit
R2(config)# ip route 0.0.0.0 0.0.0.0 192.168.4.2
R2(config)#
```

步骤 4：测试连通性，现在没有访问列表加载，所以 PC1 可以 ping 通 PC2，如图 3-2-3-2 所示。PC2 也可以访问 WWW 服务器的网站服务，如图 3-2-3-3 所示。

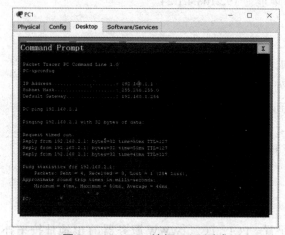

图 3-2-3-2　PC1 访问 PC2 测试

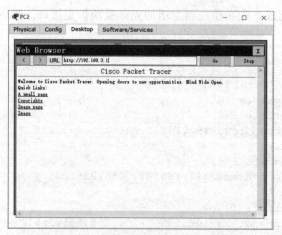

图 3-2-3-3　PC2 访问 WWW 服务器测试

步骤 5：补充 R1 的配置。在前面的基础上增加如下配置。

```
R1(config)# ip access-list standard no1922
R1(config-std-nacl)# deny host 192.168.2.1
R1(config-std-nacl)# permit any
R1(config-std-nacl)# exit
R1(config)# ip access-list extended nowww
R1(config-std-nacl)# deny tcp host 192.168.2.1 host 192.168.3.1 eq www
R1(config-std-nacl)# permit ip any any
R1(config-std-nacl)#exit
R1(config)# interface F 0/0
R1(config-if)# ip access-group no1922 out
R1(config)# interface F 1/0
R1(config-if)# ip access-group nowww out
R1(config-if)#exit
R1(config)#
```

步骤 6：再次测试连通性。由于命名访问列表的加载 PC2 主机已经不能访问 WWW 服务器的网站了，如图 3-2-3-4 所示。PC1 和 PC2 之间的通信也被禁止了，如图 3-2-3-5 所示。

图 3-2-3-4　再次测试 PC2 访问 WWW 服务器

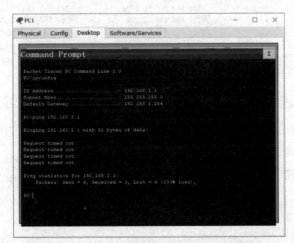

图 3-2-3-5　再次测试 PC1 和 PC2 通信

小贴士

命名访问列表可以很方便地修改，容易增加或删除其中的条目，不像数字列表那样只能全部删除再重写。命名访问列表在起名时尽量直观，能见名知意，这样在以后维护网络时会有很多好处，不至于忘记列表的功能和含义。

任务总结

本任务的功能和任务二很像，只是列表使用了命名列表，这种列表与数字列表相比有很多优势，它可以自己定义名字，使其易记忆，而且可以修改列表项，不用删除重写。在本任务中使用了两条列表项完成任务，有时也可以将多条同一类型的列表项合并到一个列表中，针对具体问题要具体分析对待。访问控制列表实际使用中非常灵活，完成特定功能的方法也不唯一，绑定列表端口时方向可以是 in 也可以是 out，希望读者多做练习认真体会。

任务提升

财务室又增加了一台 PC3，接入 SW-1 交换机中，其中 PC1 上网访问 WWW 服务器 80 端口不受限制，但为了内网安全 PC1 与 PC2 所在网络之间依然不允许互访。PC2 和 PC3 所在网络不允许访问 WWW 服务器上的网站。请在路由器 R1 上使用扩展命名 IP 访问列表功能完成任务，拓扑图如图 3-2-3-6 所示。

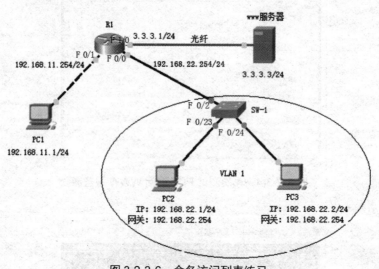

图 3-2-3-6　命名访问列表练习

项目三
广域网协议及其配置

广域网（Wide Area Network，WAN）是作用距离或延伸范围较局域网大的网络，正是距离的量变引起了技术的质变，它使用与局域网不同的物理层和数据链路层协议。常见广域网协议有 PPP、HDLC、frame-relay、X.25、slip 等。这里我们重点讲解点到点协议（Point to Point Protocol，PPP），它是为在同等单元之间传输数据包这样的简单链路设计的链路层协议。这种链路提供全双工操作，并按照顺序传递数据包。设计目的主要是用来通过拨号或专线方式建立点对点连接发送数据，使其成为各种主机、网桥和路由器之间简单连接的一种共通的解决方案。

学习目标

（1）掌握 PPP 封装 PAP 验证配置方法。
（2）掌握 PPP 封装 CHAP 验证配置方法。

知识准备

PPP 协议是一种应用广泛的点到点链路协议，主要用于点到点连接的路由器间的通信。PPP 协议既可以用于同步通信，也可以用于异步通信，本项目只讨论同步接口上的 PPP 配置。PPP 协议支持验证功能，默认情况下是不使用验证的，此时只要在两端配置了 PPP 封装就可以进行通信。验证的目的防止未经授权的用户接入。配置了验证后，在建立 PPP 连接时，验证端会核实被验证端的身份，如果身份合法，则可以建立 PPP 连接。PPP 协议支持两种验证方法：PAP 和 CHAP，配置时可以配置其中的一种也可以同时配置。PAP 和 CHAP 验证都可以配置为双向的，即两端都需要验证对方的身份，只有双方的验证都通过了，PPP 连接才会建立。当然也可以配置为单向的，只要验证一端就可以建立 PPP 连接。

本项目相关访问控制的配置命令有 encapsulation、ppp pap sent-username、username、ppp authentication。为了方便开展各任务的学习，将所涉及的命令进行详细讲解。

1. encapsulation 命令

命令格式：encapsulation [frame-relay | hdlc |PPP]。

命令功能：用协议封装。

命令参数：frame-relay，封装帧中继协议；hdlc，封装 HDLC 协议；ppp，封装 PPP 协议。

命令模式：接口配置模式。

命令举例：在串行接口 S 0/3/0 上封装 PPP 协议。

```
router(Config)# interface S 0/3/0
router (config-if)#encapsulation ppp
```

2. ppp pap sent-username 命令

命令格式：ppp pap sent-username <name> password < password>。

命令功能：指定 PPP 协议认证为 PAP，并指定连接路由器的用户名和密码。

命令参数：< name > 为指定的用户名；< password> 为用户密码。

命令模式：接口配置模式。

命令举例：发送 PAP 验证用户名为 R2，密码为 123。

```
router(config-if)#ppp pap sent-username R2 password 0 123
```

3. username 命令

命令格式：username <name> password <password>。

命令功能：设置用户名和密码。

命令参数：<name> 为用户名；<password> 为密码。

命令模式：全局配置模式。

命令举例：在路由器上创建用户为 R1，密码为 123。

```
router(config)#username R1 password 0 123
```

4. ppp authentication

命令格式：switchport access vlan <vlan-id>。

相关命令：ppp authentication {chap | chap pap | pap chap | pap}

命令功能：指定身份验证的类型。

命令参数：chap 为在串行接口上激活 CHAP；pap 为在串行接口上激活 PAP；chap pap 为激活先 CHAP 后 PAP；pap chap 为激活先 PAP 后 CHAP。

命令模式：全局配置模式。

命令举例：设置串行接口的 PPP 验证方式为 PAP。

```
router(config-if)#ppp authentication pap
```

◎ 任务一　PPP 封装 PAP 验证配置

PAP 是两次握手实现的，验证首先由被验证方发起验证请求，将自己的用户名和密码以明文方式发送给主验证方。然后，主验证方接受请求，并在自己的本地用户数据库中查找是否有对应的条目，如果有就接受请求；如果没有就拒绝请求。这种验证方式操作简单，可以节省链路带宽。

🖳 任务明确

分校区和总校区的实训楼之间通信采用两台路由器实现，为了保证通信安全使用 PPP 协议的 PAP 验证方式，为了降低链路带宽开销，采用单向验证，R2 端为验证端，开启 PAP 验证。R1 端为被验证端，发送用户名和密码。按要求自行设计用户名和密码等其他参数，保证测试主机 PC1 和 PC2 能够通信。

操作步骤

按照任务要求规划网络拓扑图（见图 3-3-1-1）和 IP 及端口规划表（见表 3-3-1-1），对照如下操作提示进行相关配置。

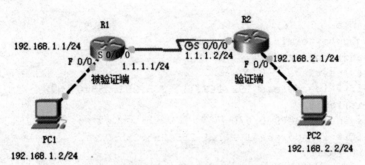

图 3-3-1-1　PPP 封装 PAP 验证任务

表 3-3-1-1　IP 及端口规划表

名称	IP 地址	子网掩码	端口号	网关
PC1	192.168.1.2	255.255.255.0		192.168.1.1
PC2	192.168.2.2	255.255.255.0		192.168.2.1
R1	192.168.1.1	255.255.255.0	F 0/0	
	1.1.1.1	255.255.255.0	S 0/0/0	
R2	1.1.1.2	255.255.255.0	S 0/0/0	
	192.168.2.1	255.255.255.0	F 0/0	

1. R1 的配置

（1）配置接口 F 0/0 地址 192.168.1.1/24。

（2）配置接口 S 0/0/0 地址 1.1.1.1/24。

（3）绑定协议 PPP。

（4）配置发送 PAP 验证端用户名和密码。

（5）配置默认路由协议。

2. R2 的配置

（1）建立 PAP 验证用户名和密码。

（2）配置接口 F 0/0 地址 192.168.2.1/24。

（3）配置接口 S 0/0/0 地址 1.1.1.2/24。

（4）配置验证端为 DCE 端设置时钟速率。

（5）绑定协议 PPP。

（6）设置验证方式为 PAP。

（7）配置默认路由协议。

3. 配置 PC1 和 PC2 的 IP

任务落实

步骤 1：PC 的配置。PC1~ PC2 的 IP 地址按 IP 及端口规划表进行配置，如表 3-3-1-1 所示，此处略。

PPP PAP 验证

步骤 2：R1 的配置。

```
Router>enable
Router#configure terminal
Router(config)#hostname R1
R1(config)# interface F 0/0
R1(config-if)# ip address 192.168.1.1 255.255.255.0
R1(config-if)#exit
R1(config)# interface S 0/0/0
R1(config-if)# ip address 1.1.1.1 255.255.255.0
R1(config-if)#exit
R1(config)# ip route 0.0.0.0 0.0.0.0 1.1.1.2
R1(config)#
```

步骤 3：R2 的配置。

```
Router>enable
Router#configure terminal
Router(config)#hostname R2
R2(config)# interface F 0/0
R2(config-if)# ip address 192.168.2.1 255.255.255.0
R2(config-if)#exit
R2(config)# interface S 0/0/0
R2(config-if)# ip address 1.1.1.2 255.255.255.0
R2(config-if)# clock rate 2000000
R2(config-if)#exit
R2(config)# ip route 0.0.0.0 0.0.0.0 1.1.1.1
R2(config)#
```

步骤 4：在 PC1 上测试连通性，默认串口链路上绑定的是 HDLC 协议，PC1 可以访问 PC2，如图 3-3-1-2 所示。

步骤 5：在 R2 串口上配置 PPP 协议并开启 PPP 的 PAP 验证。

```
R2(config)#username R2 password 0 123
R2(config)# interface S 0/0/0
R2(config-if)#encapsulation ppp
R2(config-if)#ppp authentication pap
R2(config-if)#exit
R2(config)#
```

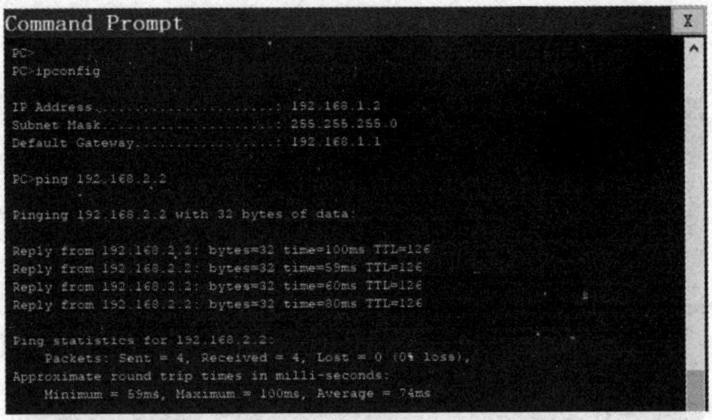

图 3-3-1-2　PC1 访问 PC2 测试

步骤 6：在 R1 串口上配置 PPP 协议并发送用户名和密码。

```
R1(config)# interface S 0/0/0
R1(config-if)#encapsulation ppp
R1(config-if)#ppp pap sent-username R2 password 0 456      // 为了验证暂时把密码写错
R1(config-if)#exit
R1(config)#
```

步骤 7：在 PC1 上次测试已经不能访问 PC2 了，因为验证密码不一致，如图 3-3-1-3 所示。

图 3-3-1-3　再次测试 PC1 上访问 PC2

步骤 8：在 R1 上将错的密码改正确，使验证密码一致。

```
R1(config)# interface S 0/0/0
R1(config-if)#ppp pap sent-username R2 password 0 123      // 密码改为正确
R1(config-if)#exit
```

步骤 9：在 PC1 上再次测，可以 ping 通 PC2，说明验证配置正确，如图 3-3-1-4 所示。

```
PC0                                                        —  □  ×
Physical  Config  Desktop  Software/Services

Command Prompt                                                  X

Pinging 192.168.2.2 with 32 bytes of data:

Reply from 192.168.1.1: Destination host unreachable.
Reply from 192.168.1.1: Destination host unreachable.
Reply from 192.168.1.1: Destination host unreachable.
Reply from 192.168.1.1: Destination host unreachable.

Ping statistics for 192.168.2.2:
    Packets: Sent = 4, Received = 0, Lost = 4 (100% loss),

PC>ping 192.168.2.2

Pinging 192.168.2.2 with 32 bytes of data:

Request timed out.
Reply from 192.168.2.2: bytes=32 time=60ms TTL=126
Reply from 192.168.2.2: bytes=32 time=61ms TTL=126
Reply from 192.168.2.2: bytes=32 time=60ms TTL=126

Ping statistics for 192.168.2.2:
    Packets: Sent = 4, Received = 3, Lost = 1 (25% loss),
Approximate round trip times in milli-seconds:
    Minimum = 60ms, Maximum = 61ms, Average = 60ms

PC>
```

图 3-3-1-4　PC1 可以访问 PC2

小贴士

（1）PPP 协议的 PAP 验证方式，验证由被验证端发起，它向验证端发送用户名和密码。验证端查询自己的数据库，如果有匹配的用户名和密码，则验证通过，发送接受消息，否则拒绝连接。

（2）PAP 验证采用明文在网络中传输用户名和密码，安全性比 CHAP 验证差。

任务总结

本任务涉及的知识点是 PPP 协议的 PAP 验证，这里使用的方法是单向验证，R2 作为验证端，应该在上面创建本地用户名和密码。R1 为被验证端，在上面发送用户名和密码。如果验证端核实用户和密码正确，即可验证通过。这里在没有添加验证前如果进行了测试，当全部验证条目添加完后，再测试时因为模拟器的缓存原因可能会使验证不起作用。最好保存退出文件再次打开，确保测试的准确性。

任务提升

分校区和总校区的实训楼之间通信采用两台路由器实现，因为 PPP 协议的 PAP 验证方式本身安全性不高，为了再提高一些安全防御措施，将原来的单向验证改为双向验证，R1 和 R2 端均开启验证，并且使用不同的密码。按要求自行设计用户名和密码等其他参数，保证测试主机 PC1 和 PC2 能够通信，拓扑图如图 3-3-1-5 所示。

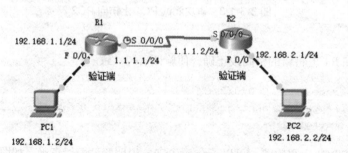

图 3-3-1-5　PPP 封装 PAP 练习

任务二 PPP 封装 CHAP 验证配置

PPP 协议的验证分为两种：一种是 PAP，一种是 CHAP。相对来说 PAP 的验证方式安全性没有 CHAP 高。PAP 在传输 password 是明文的，而 CHAP 在传输过程中不传输密码，取代密码的是 hash（哈希值）。PAP 验证是通过两次握手实现的，而 CHAP 则是通过 3 次握手实现的，验证首先由主验证方发起验证请求，向被验证方发送"挑战"字符串，然后，被验证方接到主验证方的验证请求后，将用户名和加密的密码发回给主验证方。最后主验证方接收到回应"挑战"字符串后，在自己的本地用户数据库中查找是否有对应的条目，并将用户名对应的密码根据"挑战"字符串进行 MD5 加密，然后将加密的结果和被验证方加密的结果进行比较。如果两者相同，则认为验证通过，如不同则认为验证失败。

任务明确

由于 PAP 验证密码是基于明文传输的，对于分校区和本校区之间的数据传输达不到安全等级，所以在其他条件不变的情况下，取消了任务二中的 PAP 验证进而改为安全性更高的 CHAP 双向验证方式，按照新要求请重新设计任务。

操作步骤

按照任务要求规划网络拓扑图（见图 3-3-2-1）和 IP 及端口规划表（见表 3-3-2-1），对照如下操作提示进行相关配置。

1. R1 的配置

（1）建立 CHAP 对端主机名和密码。

（2）配置接口 F 0/0 地址 192.168.1.1/24。

（3）配置接口 S 0/0/0 地址 1.1.1.1/24。

（4）绑定协议 PPP。

（5）设置验证方式为 CHAP。

（6）配置默认路由协议。

2. R2 的配置

（1）建立 CHAP 对端主机名和密码。

（2）配置接口 F 0/0 地址 192.168.2.1/24。

（3）配置接口 S 0/0/0 地址 1.1.1.2/24。

（4）配置验证端为 DCE 端设置时钟速率。

（5）绑定协议 PPP。

（6）设置验证方式为 CHAP。

（7）配置默认路由协议。

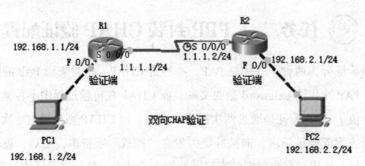

图 3-3-2-1　PPP 封装 CHAP 任务

表 3-3-2-1　IP 及端口规划表

名称	IP 地址	子网掩码	端口号	网关
PC1	192.168.1.2	255.255.255.0		192.168.1.1
PC2	192.168.2.2	255.255.255.0		192.168.2.1
R1	192.168.1.1	255.255.255.0	F 0/0	
	1.1.1.1	255.255.255.0	S 0/0/0	
R2	1.1.1.2	255.255.255.0	S 0/0/0	
	192.168.2.1	255.255.255.0	F 0/0	

📋 任务落实

PPP CHAP 验证

步骤 **1** ：PC 的配置。PC1~ PC2 的 IP 地址按 IP 及端口规划表进行配置，如图 3-3-2-1 所示，此处略。

步骤 **2** ：R1 的配置。

```
Router>enable
Router#configure terminal
Router(config)#hostname R1
R1(config)#username R2 password 0 123
R1(config)# interface F 0/0
R1(config-if)# ip address 192.168.1.1 255.255.255.0
R1(config-if)#exit
R1(config)# interface S 0/0/0
R1(config-if)# ip address 1.1.1.1 255.255.255.0
R1(config-if)# encapsulation ppp
R1(config-if)# ppp  authentication chap
R1(config-if)#exit
R1(config)# ip route 0.0.0.0 0.0.0.0 1.1.1.2
R1(config)#
```

步骤 **3** ：R2 的配置。

```
Router>enable
Router#configure terminal
Router(config)#hostname R2
```

```
R2(config)#username R1 password 0 123
R2(config)# interface F 0/0
R2(config-if)# ip address 192.168.2.1 255.255.255.0
R2(config-if)#exit
R2(config)# interface S 0/0/0
R2(config-if)# ip address 1.1.1.2 255.255.255.0
R2(config-if)# clock rate 2000000
R2(config-if)# encapsulation ppp
R2(config-if)# ppp  authentication chap
R2(config-if)#exit
R2(config)# ip route 0.0.0.0 0.0.0.0 1.1.1.1
R2(config)#
```

步骤 4:在 PC1 上测试连通性,CHAP 双向验证成功,PC1 可以访问 PC2,如图 3-3-2-2 所示。

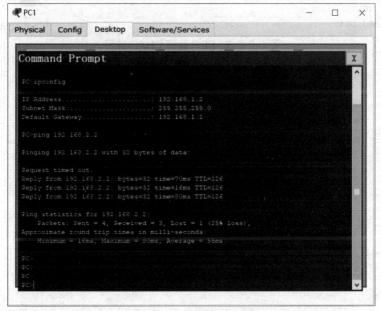

图 3-3-2-2　PC1 访问 PC2

小贴士

CHAP 验证则是发送一个挑战包，然后远端通过自己的数据库的用户名和密码利用 MD5 进行计算后返还一个数值，然后在发送方验证这个数值是否和自己计算出来的数值一致进行验证，与 PAP 验证相比，安全性有很大提高。

任务总结

CHAP 验证两台路由器的配置方法基本相同，这里需要注意由于模拟器的原因，用户名只能使用对端路由器的机器名为用户名，即 R1 上创建的用户名为 R2，R2 上创建的用户名为 R1。另外两台路由器 R1 和 R2 的用户所使用的密码必须是同一个密码。如果密码不一致会使验证失败。实际中还有很多具体的操作和细节需要注意，希望读者认真体会。

任务提升

前面的任务已经对 PPP 验证的两种验证方式进行了详细的讲解，为能全部理解和掌握 PAP 和 CHAP 验证方法，现将两种验证方式综合到一个实例中，下面的练习中 R1 与 R2 之间采用 CHAP 验证，R2 与 R3 之间采用 PAP 验证，三个路由器之间均为单向验证。请结合前面的任务完成，拓扑图如图 3-3-2-3 所示。

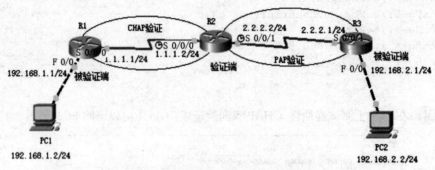

图 3-3-2-3　PPP 验证 CHAP 练习

项目四
地址转换配置

网络地址转换（Network Address Translation，NAT）是一个 IETF 标准，允许一个机构以一个地址出现在 Internet 上。NAT 技术使得一个私有网络可以通过 Internet 注册 IP 连接到外部网络，位于 Inside 网络和 Outside 网络中的 NAT 路由器在发送数据包之前，将内部网络的 IP 地址转换成一个合法 IP 地址。它也可以应用到防火墙技术里，把个别 IP 地址隐藏起来不被外界发现，对内部网络设备起到保护的作用，同时，它还帮助网络可以超越地址的限制，合理地安排网络中的公有 Internet 地址和私有 IP 地址的使用。NAT 被广泛应用于各种类型 Internet 接入方式和各种类型的网络中。原因很简单，NAT 不仅完美地解决了 IP 地址不足的问题，而且还能够有效地避免来自网络外部的攻击，隐藏并保护网络内部的计算机。

学习目标

（1）掌握 NAT 地址转换配置方法。

（2）掌握 PAT 端口地址复用配置方法。

知识准备

企事业单位经常使用的是内部私有 IP 地址，默认情况下私有 IP 地址是无法被路由到外网的，内部主机 192.168.1.1 要与外部 Internet 通信，IP 包到达 NAT 路由器时，IP 包头的源地址 192.168.1.1 被替换成一个合法的外网 IP，并在 NAT 转发表中保存这条记录。当外部主机发送一个应答到内网时，NAT 路由器收到后，查看当前 NAT 转换表，用 192.168.1.1 替换掉这个外网地址。

NAT 将网络划分为内部网络和外部网络两部分，局域网主机利用 NAT 访问网络时，是将局域网内部的本地地址转换为全局地址（互联网合法的 IP 地址）后转发数据包。

NAT 有三种类型：静态 NAT、动态 NAT 和端口复用 PAT。

（1）静态 NAT：实现内部地址与外部地址一对一的映射。现实中，一般都用于服务器。

（2）动态 NAT：定义一个地址池，自动映射，也是一对一的。现实中，因为公用地址比较省，所以使用得比较少。

（3）端口复用 PAT：使用不同的端口来映射多个内网 IP 地址到一个指定的外网 IP 地址，产生多对一关系，实际中经广泛使用。

本项目相关访问控制的配置命令有 ip nat inside source、ip nat inside、ip nat outside、ip nat pool。为了方便开展各任务的学习，将所涉及的命令进行详细讲解。

1. ip nat inside source 命令

命令格式：ip nat inside source {list access-list-name} {interface type number | pool pool-name} [overload]。

命令功能：开启内部源地址的 NAT。

命令参数：list access-list-name，访问列表的名字，源地址符合访问列表的报文将用地址池中的全局地址来转换；pool-name，地址池的名字，从这个池中动态地分配全局 IP 地址；interface type number 指定网络接口；overload 使路由器对多个本地地址使用一个全局的地址。当 overload 被设置后，相同或者不同主机的多个会话将用 TCP 或 UDP 端口号来区分。

命令模式：全局配置模式。

默认情况：任何内部源地址的 NAT 都不存在。

使用指南：这个命令有两种形式：动态的和静态的地址转换；带有访问列表的格式建立动态转换。

命令举例：把内部主机地址 192.168.2.2 转换为 1.1.1.1 全局 IP 地址。

```
router(Config)# ip nat inside source static 192.168.2.2 1.1.1.1
```

2. ip nat inside 命令

命令格式：ip nat inside。

相关命令：ip nat outside。

命令功能：配置 NAT 内部接口。

命令模式：接口模式。

命令举例：指定 F 0/0 为内部接口。

```
router(Config)# interface F 0/0
router(Config-if)# ip nat inside
```

3. ip nat outside 命令

命令格式：ip nat outside

相关命令：ip nat inside

命令功能：配置 NAT 外部接口。

命令模式：接口模式。

命令举例：指定 S 0/1/0 为外部接口。

```
Router(Config)# interface S 0/1/0
Router(Config-if)# ip nat outside
```

4. ip nat pool 命令

命令格式：ip nat pool <pool-name> <start-ip> <end-ip> netmask <netmask>。

命令功能：定义一个地址池，用于转换地址。

命令参数：<pool-name>，地址池的名称；<start-ip>，地址池的起始 IP；<end-ip>，地址池的结束 IP；<netmask>，子网掩码。

命令模式：全局配置模式。

命令举例：配置 NAT 转换地址池 abc，转换地址的范围为 202.11.23.1~10。

```
router(Config)# ip nat pool abc 202.11.23.1 202.11.23.10 netmask 255.255.255.0
```

◎ 任务一 NAT 地址转换

在静态 NAT 中，内部网络中的每个主机都被永久映射成外部网络中的某个合法的地址。静态地址转换将内部本地地址与内部全局地址进行一对一的转换。如果内部网络有 WWW 服务器或 FTP 服务器等可以为外部用户提供的服务，这些服务器的 IP 地址必须采用静态地址转换，以便外部用户可以访问这些服务。静态 NAT 将一个内部地址映射为一个全局或公有地址。这样的映射可确保特定的内部本地地址始终与同一个公有地址相关联，这种使用方法常用于内部服务器对外发布。

💻 任务明确

为了模拟校园网接入互联网的场景，网络工作室搭建了任务的模拟拓扑图。互联网部分由一台路由器 R2 和一台服务器组成，分别模拟互联网接入设备和网站服务。互联网路由器 R2 没有到校园网的路由（模拟真实的互联网接入）。校园网部分由一台路由器 R1、一台测试 PC 及一台服务器 Server1 组成，为了能使用校内 Server1 的网站能对外发布，请配置校园网并在 R1 上设置 NAT 静态映射的方式，保证互联网上的服务器 Server2 可以访问 Server1 上的网站。

🖧 操作步骤

按照任务要求规划网络拓扑图（见图 3-4-1-1 所示）和 IP 及端口规划表（见表 3-4-1-1 所示），对照如下操作提示进行相关配置。

1. R1 的配置

（1）按图 3-4-1-1 配置各接口地址。

（2）配置默认路由下一跳地址为 1.1.1.254。

（3）在 R1 上配置静态地址映射，使用 1.1.1.1 对外发布内部 Server1 的网站。

2. R2 的配置

（1）按图 3-4-1-1 配置各接口地址。

（2）模拟广域网不配路由。

3. PC 及 Server 配置

（1）按图 3-4-1-1 配置各 PC 地址。

（2）按图 3-4-1-1 配置各 Server 地址。

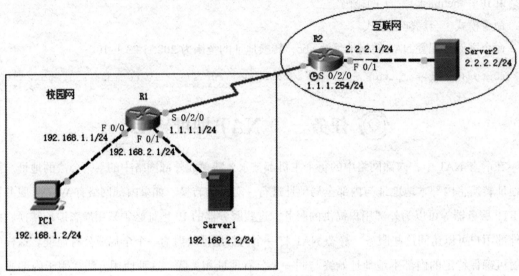

图 3-4-1-1　NAT 地址转换任务

表 3-4-1-1　IP 及端口规划表

名称	IP 地址	子网掩码	端口号	网关
PC1	192.168.1.2	255.255.255.0		192.168.1.1
Server1	192.168.2.2	255.255.255.0		192.168.2.1
Server2	2.2.2.2	255.255.255.0		2.2.2.1
R1	192.168.1.1	255.255.255.0	F 0/0	
	1.1.1.1	255.255.255.0	S 0/2/0	
	192.168.2.1	255.255.255.0	F 0/1	
R2	1.1.1.254	255.255.255.0	S 0/2/0	
	2.2.2.1	255.255.255.0	F 0/1	

📖 任务落实

步骤 1：PC 的配置。PC1、Server1、Server2 的 IP 地址按 IP 及端口规划表进行配置，如表 3-4-1-1 所示，此处略。

步骤 2：R1 的配置。

NAT 地址转换

```
Router>enable
Router#configure terminal
Router(config)#hostname R1
R1(config)# interface F 0/0
R1(config-if)# ip address 192.168.1.1 255.255.255.0
R1(config-if)# ip nat inside
R1(config-if)#exit
```

```
R1(config)# interface F 0/1
R1(config-if)# ip address 192.168.2.1 255.255.255.0
R1(config-if)# ip nat inside
R1(config-if)#exit
R1(config)# interface S 0/2/0
R1(config-if)# ip address 1.1.1.1 255.255.255.0
R1(config-if)# ip nat outside
R1(config-if)#exit
R1(config)# ip nat inside source static 192.168.2.2 1.1.1.1
R1(config)# ip route 0.0.0.0 0.0.0.0 1.1.1.254
R1(config)#
```

步骤 3：R2 的配置。

```
Router>enable
Router#configure terminal
Router(config)#hostname R2
R2(config)# interface F 0/1
R2(config-if)# ip address 2.2.2.1 255.255.255.0
R2(config-if)#exit
R2(config)# interface S 0/2/0
R2(config-if)# ip address 1.1.1.254 255.255.255.0
R2(config-if)# clock rate 2000000
R2(config-if)#exit
R2(config)#
```

步骤 4：在 PC1 上测试连通性，访问 Server1 通，访问 Server2 不通，如图 3-4-1-1-2 所示。

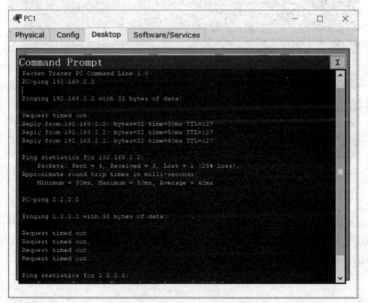

图 3-4-1-2　PC1 上测试连通性

步骤 **5**：在 PC1 访问网站，因为校园是互通的，所以访问 Server1 成功，如图 3-4-1-3 所示。因为没有做一对多 NAT 地址转换，所以访问 Server2 不成功，如图 3-4-1-4 所示。

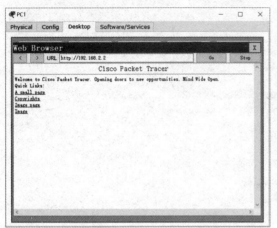
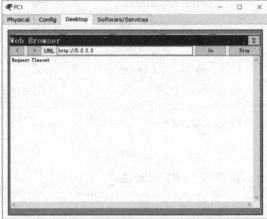

图 3-4-1-3　PC1 访问 Server1　　　　　　图 3-4-1-4　PC1 访问 Server2

步骤 **6**：在 Server2 上测试连通性，访问 PC1 不通，如图 3-4-1-5 所示；Server2 访问 IP：1.1.1.1 通。

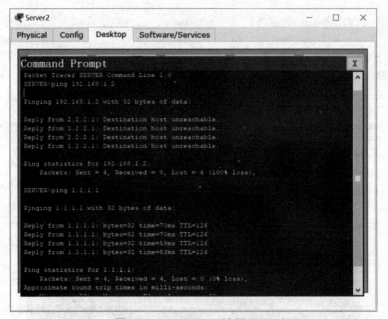

图 3-4-1-5　Server2 访问 PC1

步骤 **7**：在 Server2 访问网站，访问 IP:192.168.2.2 不成功，如图 3-4-1-6 所示；访问 IP:1.1.1.1 成功，如图 3-4-1-7 所示。说明 Server1 已经被映射到路由器接口 S 0/2/0 的地址 1.1.1.1 上，在互联网可以使用 IP:1.1.1.1 地址进行访问 Server1 的网站。

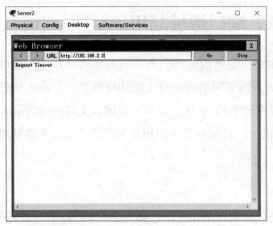

图 3-4-1-6 Server2 访问 Server1

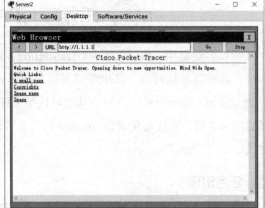

图 3-4-1-7 Server2 访问映射地址

小贴士

（1）NAT 地址映射是内部网接入互联网的一种方式，此处是模拟环境，互联网部分的 R2 路由器在模拟时不能有到校园网的路由，这样才能体现出 NAT 的功能。

（2）在进行 NAT 地址转换设置时要注意定义内部（inside）和外部 (outside) 网络接口，如果不设置或设置不当，NAT 将不能正常工作。

任务总结

本任务涉及的知识点是 NAT 静态地址映射，静态 NAT 可以把内部网络中的 WWW、FTP 等服务器发布到外部网络，由于 NAT 的隔离能隐藏内部 IP，可以起到防火墙的作用，能保证内网服务器的安全。本任务中我们只做了 Server1 的一对一的静态映射，并没有做一对多的动态地址映射和 PAT 端口地址映射，对于此方面的知识请在课后练习中体会。

任务提升

为了使用网络布局更合理，校园网进行了网络结构调整，增加了一台三层交换机，把内部网站服务器 Server1 迁移到三层交换机上，请按图 3-4-1-8 所示的网络拓扑图，完成课堂上的任务要求。

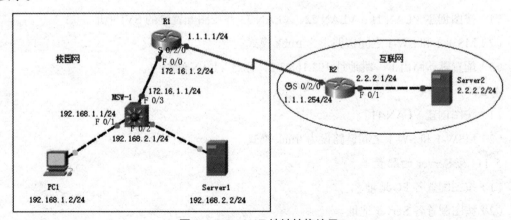

图 3-4-1-8 NAT 地址转换练习

⊚ 任务二　PAT 端口地址复用

端口多路复用（Port address Translation，PAT）是指改变外出数据包的源端口并进行端口转换，即端口地址转换。采用端口多路复用方式，内部网络的所有主机均可共享一个合法外部 IP 地址实现对 Internet 的访问，从而可以最大限度地节约 IP 地址资源。同时，又可隐藏网络内部的所有主机，有效避免来自 Internet 的攻击。因此，目前网络中应用最多的就是端口多路复用方式。

💻 任务明确

为了模拟校园网和互联网的互联，工作室搭建模拟网络拓扑图，如图 3-4-2-1 所示，校园网由三层交换机 MSW-1、二层交换机 SW-1 和路由器 R1 组成，网络中有一台负责发布学校信息的网站服务器 Server1 和一台上网用的测试主机。为了能使整个校园网可以访问互联网并保证网络安全，我们在 R1 上设置的 PAT 地址映射方式，要求 PC1 可以正常访问 Server1 和 Server2 上的网站，互联网上的用户不能访问校园网内部网络。

🖧 操作步骤

按照任务要求规划网络拓扑图（见图 3-4-2-1）和 IP 及端口规划表（见表 3-4-2-1），对照如下操作提示进行相关配置。

1. R1 的配置

（1）按图配置各接口地址。

（2）配置默认路由下一跳地址为 1.1.1.254，其他内网路由采用静态路由。

（3）在 R1 上配置 PAT 地址映射，使 PC1 可以访问外网 Server2。

2. R2 的配置

（1）按图配置各接口地址。

（2）模拟广域网不配路由。

3. MSW-1 的配置

（1）按图创建 VLAN 11、VLAN 22、VLAN 33 并按图配置它的 SVI 地址。

（2）MSW-1 和 SW-1 之间链路设为 trunk 模式。

（3）配置默认路由下一跳地址 192.168.3.2，开启 VLAN 间路由。

4. SW-1 的配置

（1）按图创建 VLAN 11。

（2）MSW-1 和 SW-1 之间链路设为 trunk 模式。

5. PC 及 Server 的配置

（1）按图配置各 PC 地址。

（2）按图配置各 Server 地址。

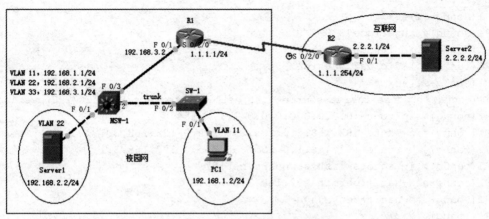

图 3-4-2-1　PAT 端口地址复用任务

表 3-4-2-1　IP 及端口规划表

名称	IP 地址	子网掩码	端口号	网关	VLAN
PC1	192.168.1.2	255.255.255.0		192.168.1.1	
Server1	192.168.2.2	255.255.255.0		192.168.2.1	
Server2	2.2.2.2	255.255.255.0		2.2.2.1	
R1	1.1.1.1	255.255.255.0	S 0/2/0		
	192.168.3.2	255.255.255.0	F 0/1		
R2	1.1.1.254	255.255.255.0	S 0/2/0		
	2.2.2.1	255.255.255.0	F 0/1		
MSW-1	192.168.1.1	255.255.255.0	VLAN 11		
	192.168.2.1	255.255.255.0	VLAN 22		
	192.168.3.1	255.255.255.0	VLAN 33		
			F 0/2		trunk
SW-1			F 0/2		trunk
			F 0/1		VLAN 11

任务落实

步骤 1：PC 的配置。PC1、Server1、Server2 的 IP 地址按 IP 及端口规划
表进行配置，如表 3-4-2-1 所示，此处略。

PAT 端口地址复用

步骤 2：R1 的配置。

```
Router>enable
Router#configure terminal
Router(config)#hostname R1
R1(config)# interface F 0/1
R1(config-if)# ip address 192.168.3.2 255.255.255.0
R1(config-if)# ip nat inside
```

```
R1(config-if)#exit
R1(config)# interface S 0/2/0
R1(config-if)# ip address 1.1.1.1 255.255.255.0
R1(config-if)# ip nat outside
R1(config-if)#exit
R1(config)# ip nat inside source list net192 interface Serial0/2/0 overload
R1(config)# ip route 0.0.0.0 0.0.0.0 1.1.1.254
R1(config)#ip route 192.168.2.0 255.255.255.0 192.168.3.1
R1(config)#ip route 192.168.1.0 255.255.255.0 192.168.3.1
R1(config)# ip access-list standard net192
R1(config-std-nacl)#permit 192.168.1.0 0.0.0.255
R1(config-std-nacl)#deny any
R1(config)#
```

步骤 3 ：R2 的配置。

```
Router>enable
Router#configure terminal
Router(config)#hostname R2
R2(config)# interface F 0/1
R2(config-if)# ip address 2.2.2.1 255.255.255.0
R2(config-if)#exit
R2(config)# interface S 0/2/0
R2(config-if)# ip address 1.1.1.254 255.255.255.0
R2(config-if)# clock rate 2000000
R2(config-if)#exit
R2(config)#
```

步骤 4 ：MSW-1 的配置。

```
Switch>enable
Switch #configure terminal
Switch (config)#hostname MSW-1
MSW-1 (config)# interface F 0/1
MSW-1 (config-if)# switchport access vlan 22
MSW-1 (config-if)#exit
MSW-1 (config)# interface F 0/2
MSW-1 (config-if)# switchport trunk encapsulation dot1q
MSW-1 (config-if)# switchport mode trunk
MSW-1 (config-if)#exit
MSW-1 (config)# interface F 0/3
MSW-1 (config-if)# switchport access vlan 33
MSW-1 (config-if)#exit
MSW-1 (config)# interface VLAN 11
MSW-1 (config-if)# ip address 192.168.1.1 255.255.255.0
MSW-1 (config-if)#exit
MSW-1 (config)# interface VLAN 22
```

```
MSW-1 (config-if)# ip address 192.168.2.1 255.255.255.0
MSW-1 (config-if)#exit
MSW-1 (config)# interface VLAN 33
MSW-1 (config-if)# ip address 192.168.3.1 255.255.255.0
MSW-1 (config-if)#exit
MSW-1 (config)#ip routing
MSW-1 (config)#ip route 0.0.0.0 0.0.0.0 192.168.3.2
MSW-1 (config)#exit
MSW-1 #
```

步骤 5 ：SW-1 的配置。

```
Switch>enable
Switch #configure terminal
Switch (config)#hostname SW-1
SW-1 (config)# interface F 0/1
SW-1 (config-if)# switchport access vlan 11
SW-1 (config-if)#exit
SW-1 (config)#
```

步骤 6 ：在 PC1 上测试连通性，访问 Server1 通，访问 Server2 通，如图 3-4-2-2 所示，说明 PAT 设置成功。

步骤 7 ：在 PC1 访问网站测试，访问 Server1 成功，如图 3-4-2-3 所示；访问 Server2 成功，如图 3-4-2-4 所示，说明 PAT 设置成功。

步骤 8 ：在 Server2 上测试连通性，访问 PC1 不通，访问 Server1 不通，如图 3-4-2-5 所示，说明互联网不能直接与内网通信。

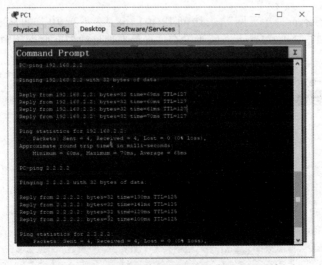

图 3-4-2-2　PC1 访问 Server1 和 Server2

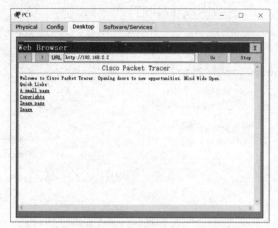

图 3-4-2-3　PC1 访问 Server1 网站　　　　　图 3-4-2-4　PC1 访问 Server2 网站

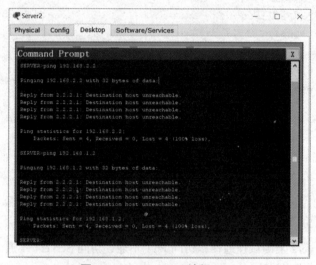

图 3-4-2-5　Server2 访问 PC1

步骤 9：在 Server2 访问网站，访问 IP:192.168.2.2 不成功，如图 3-4-2-6 所示；访问 IP:1.1.1.1 不成功，如图 3-4-2-7 所示，因为没有进行静态地址映射互联网用户不能访问内网网站。

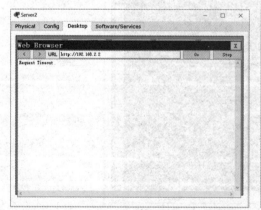

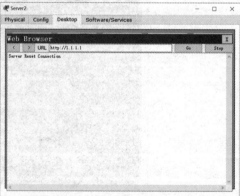

图 3-4-2-6　Server2 访问 Server1 网站　　　　图 3-4-2-7　Server2 访问映射地址

小贴士

当ISP分配的IP地址数量很少,网络又没有其他特殊需求,即无须为Internet提供网络服务时,可采用PAT地址转换方式,使网络内的计算机采用同一IP地址访问Internet,在节约IP地址资源的同时,又可有效保护网络内部的计算机。

任务总结

本次任务的要求非常接近实际使用环境,现在的单位和企业的网络布局基本和此任务功能相类似。这部分的知识点中PAT部分比较重要,要求一定认真理解,实际中还有很多具体的操作和细节需要注意总结,希望读者认真体会。

任务提升

校园网是一个内部网络,相对网络的布局有一定的代表性,其中设备和链路比较多。因为篇幅的限制,此处我们搭建一个相对完整的网络进行模拟。请结合课堂上的任务要求在R1上设置的PAT地址映射方式,要求PC1可以正常访问Server1和Server2上的网站,互联网上的用户不能访问校园网内部网络,拓扑图如图3-4-2-8所示。

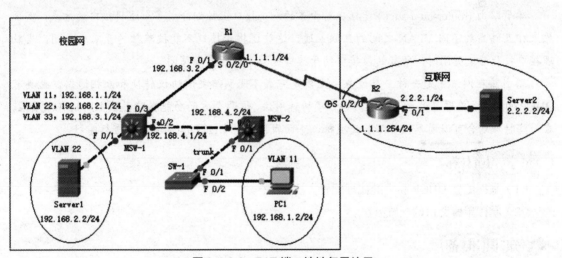

图 3-4-2-8　PAT 端口地址复用练习

项目五
路由器的特殊应用

在交换机的单元项目我们已经学习了动态主机配置协议。它的主要作用是在 TCP/IP 网络中通过服务器给客户端主机自动配置 IP 地址等信息。一方面可以减轻网络管理员逐个配置主机的负担；另一方面，通过地址重用，可以节省 IP 地址资源。

单臂路由 (router-on-a-stick) 是指在路由器的一个接口上被划分成多个逻辑接口的方式，实现原来相互隔离的不同 VLAN 之间的互联互通。这些逻辑子接口不能被单独的开启或关闭，当物理接口被开启或关闭时，所有的该接口的子接口也随之被开启或关闭。

路由器在网络中是一种三层设备，主要是完成不同网络之间协议转换和互相通信，也具有 DHCP 的功能，单臂路由也是路由器的一项特殊用法，这两个方面功能在路由器上比较有代表性，在一些特殊场合可以简单代替三层交换机，下面我们就对 DHCP 和单臂路由进行学习。

学习目标
（1）掌握配置 DHCP 和中继代理配置方法。
（2）掌握单臂路由的配置方法。

知识准备
在大型企业中，一般都有很多个部门，各部门之间有时要求不能互通，这可以通过使用 VLAN 来解决，但是上千台 PC 的 IP 配置也是一件极耗费人力的事，所以我们还需要一种全自动、高效的配置方法，通过 DHCP 配置 IP 地址的方法很好地解决了这个问题。在路由器上或核心交换机上单独接一台 DHCP 服务器都可以实现。如果在三层交换机上直接配置 DHCP，则无须配置 DHCP 中继，如果在路由器上配置 DHCP 服务，应用到分层的网络拓扑中要跨网段服务，一般都会用到 DHCP 中继代理。

接入二层交换机划分 VLAN 后，形成相互隔离的逻辑网络，逻辑网络之间不能直接进行通信。如果要进行相互通信必须要经过路由器或者三层交换机等三层设备来实现。对于这种 VLAN 布局，我们可以通过添加一台路由器来连接。路由器与交换机之间是通过外部线路连接的，这个外部线路只有一条，但是它在逻辑上是分开的，需要路由的数据包会通过这个线路到达路由器，经过路由后再通过此线路返回交换机进行转发，可以这样理解，这台路由器就相当于三层交换机的路由模块，只是放到了交换机的外部，这种路由方式形象地称为单臂路由。单臂路由就是数据包从哪个口进去，又从哪个口出来，而不像传统网络拓扑中数据包从某个接口进入路由器又从另一个接口离开路由器。

本项目相关访问控制的配置命令有 ip dhcp pool、network、dns-server、default-router、ip dhcp excluded-address、ip helper-address、encapsulation dot1q。为了方便开展任务的学习，将所涉及的命令进行详细讲解。

1. ip dhcp pool 命令

命令格式：ip dhcp pool <name>。

相关命令：no ip dhcp pool <name>。

命令功能：配置 DHCP 地址池，进入 dhcp 地址池模式，本命令的 no 操作为删除该地址池。

命令参数：<name> 为地址池名，最长不超过 255 个字符。

命令模式：全局配置模式。

使用指南：在全局模式下定义一个 DHCP 地址池，进入到 DHCP 地址池配置模式。

命令举例：定义一个地址池，取名 abc。

```
router(config)# ip dhcp pool abc
router (dhcp-config)#
```

2. network 命令

命令格式：network <network-number> <mask> 。

相关命令：dns-server。

命令功能：配置地址池可分配的地址范围。

命令参数：<network-number> 为网络号码；<mask> 为掩码，点分十进制格式，如 255.255.255.0。

命令模式：DHCP 地址池模式。

使用指南：DHCP 服务器用于动态分配 IP 地址时，使用本命令配置可分配的 IP 地址范围，一个地址池只能对应一个网段。

命令举例：地址池 abc 可分配的地址为 192.168.1.0/24。

```
router (config)#ip dhcp pool abc
router (dhcp-config)#network 192.168.1.1 255.255.255.0
```

3. dns-server 命令

命令格式：dns-server <address>。

命令功能：为 DHCP 客户机配置 DNS 服务器。

命令参数：address 为 IP 地址，均为点分十进制格式。

命令模式：DHCP 地址池模式。

使用指南：模拟器只支持配置 1 个 DNS 服务器地址，真实设置能支持分配多个。

命令举例：设置 DHCP 客户机的 DNS 服务器的地址为 1.1.1.1。

```
router (dhcp-config)#dns-server 1.1.1.1
```

4. default-router 命令

命令格式：default-router <address>。

相关命令：dns-server。

命令功能：为 DHCP 客户机配置默认网关。

命令参数：address 为 IP 地址，为点分十进制格式。

命令模式：DHCP 地址池模式。

默认情况：系统没有给 DHCP 客户机配置默认网关。

使用指南：默认网关的 IP 地址应与 DHCP 客户机的 IP 地址在一个子网网段内。

命令举例：设置 DHCP 客户机的默认网关为 192.168.1.1。

```
router (dhcp-config)#default-router 192.168.1.1
```

5. ip dhcp excluded-address 命令

命令格式：ip dhcp excluded-address <low-address> [<high-address>]。

命令功能：排除地址池中的不用于动态分配的地址。

命令参数：<low-address> 为起始的 IP 地址；[<high-address>] 为结束的 IP 地址。

命令模式：全局配置模式。

默认情况：默认为仅排除单个地址。

使用指南：使用本命令可以将地址池中的一个地址或连续的几个地址排除，这些地址由系统管理员留作其他用途。

命令举例：将 10.1.1.1 到 10.1.1.10 之间的地址保留，不用于动态分配。

```
router (config)#ip dhcp excluded-address 10.1.1.1 10.1.1.10
```

6. ip helper-address 命令

命令格式：ip helper-address <ip-address>。

相关命令：no ip helper-address <ip-address>。

命令功能：指定 DHCP 中继转发 udp 报文的目标地址，本命令的的 no 操作为取消该项设置。

命令参数：<ip-address> 为 DHCP 服务器的 IP 地址。

命令模式：接口配置模式。

默认情况：DHCP 中继默认设置成转发 DHCP 广播报文的地址。

使用指南：DHCP 中继转发的服务器地址是与转发 UDP 的端口相对应的，即 DHCP 中继只转发相应 UDP 协议的报文给相应的服务器，并不是把所有 UDP 报文转发给所有的服务器。

命令举例：指定 DHCP 中继服务器 IP 为 1.1.1.1。

```
router (config-if)#ip helper-address 1.1.1.1
```

7. encapsulation dot1q 命令

命令格式：encapsulation dot1q < vlan-id >。

命令功能：封装 dot1q 协议。

命令参数：< vlan-id > 为 VLAN 号，取值范围为 1~1005。

命令模式：以太网子接口配置模式

使用指南：vlan-id 与接入 VLAN 要相同。

命令举例：将以太网接口 VLAN 30 封装为 dot1q 格式。

```
router(config-if)#encapsulation dot1Q 30
```

任务一　　配置 DHCP 和中继代理

DHCP 是简化 IP 配置管理的 TCP/IP 标准，对客户机动态配置 TCP/IP 信息。路由器配置 DHCP 服务器可以完成这一个特殊作用，当接入本路由器的设备申请自动分配 IP 地址时，由于 DHCP 服务器的存在可以减少设备设置网络的时间，在接入设备不固定、设备流动频繁的网络环境下，非常适合。

要想在一个 TCP/IP 协议的网络中使用 DHCP，该网络中至少要有一台 DHCP 服务器设备，此时其他计算机则作为 DHCP 客户机。DHCP 租约过程是靠广播发送信息的，由于网段之间的路由器是隔离广播，如果要给多个网段动态分配 IP 地址需要借助 DHCP 中继代理来完成。

任务明确

VR 实训室的网络拓扑结构如图 3-5-1-1 所示，两台操作主机 PC1 和 PC2 通过一台二层交换机与路由器 R1 相连。PC1 和 PC2 主机的 IP 地址为自动获取方式，在 R2 上配置 DHCP 服务器并连接网站服务器 Server，按要求配置网络使 PC1 和 PC2 可以自动获得地址并能访问 Server 上的网站。

操作步骤

按照任务要求规划网络拓扑图（见图 3-5-1-1）和 IP 及端口规划表（见表 3-5-1-1），对照如下操作提示进行相关配置。

1. 在 R1 上配置

（1）设置 F 0/0 接口地址为 1.1.1.1/24。

（2）设置 F 0/1 接口地址为 192.168.1.1/24。

（3）配置静态路由使网络互通。

（4）配置 DHCP 中继代理。

2. 在 R2 上配置

（1）设置 F 0/0 接口地址为 1.1.1.2/24。

（2）设置 F 0/1 接口地址为 172.16.1.1/24。

（3）建立 DHCP 地址池名为 n192。

（4）设置地址池分配的网络为 192.168.1.0。

（5）设置地址池分配的网关为 192.168.1.1。

（6）配置静态路由使网络互通。

3. SW-1 上按图连接线路，保持默认配置

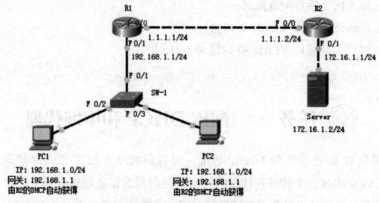

图 3-5-1-1　DHCP 和中继代理任务

表 3-5-1-1　IP 及端口规划表

名称	IP 地址	子网掩码	端口号	网关
PC1	自动获得	自动获得		自动获得
PC2	自动获得	自动获得		自动获得
Server	172.16.1.2	255.255.255.0		172.16.1.1
R1	192.168.1.1	255.255.255.0	F 0/1	
	1.1.1.1	255.255.255.0	F 0/0	
R2	1.1.1.2	255.255.255.0	F 0/0	
	172.16.1.1	255.255.255.0	F 0/1	

📋 任务落实

配置 DHCP 和
中继代理

步骤 1：PC 的配置。PC1、PC2、Server 的 IP 地址按 IP 及端口规划表进行配置，如表 3-5-1-1 所示，此处略。

步骤 2：R1 的配置。

```
Router>enable
Router#configure terminal
Router(config)#hostname R1
R1(config)# interface F 0/0
R1(config-if)# ip address 1.1.1.1 255.255.255.0
R1(config-if)#exit
R1(config)# interface F 0/1
R1(config-if)# ip address 192.168.1.1 255.255.255.0
R1(config-if)# ip helper-address 1.1.1.2
R1(config-if)#exit
R1(config)# ip route 0.0.0.0 0.0.0.0 1.1.1.2
R1(config)#
```

步骤 3：R2 的配置。

```
Router>enable
Router#configure terminal
Router(config)#hostname R2
R2(config)# interface F 0/0
R2(config-if)# ip address 1.1.1.2 255.255.255.0
R2(config-if)#exit
R2(config)# interface F 0/1
R2(config-if)# ip address 172.16.1.1 255.255.255.0
R2(config-if)#exit
R2(config)#ip dhcp pool n192
R2(dhcp-config)#network 192.168.1.0 255.255.255.0
R2(dhcp-config)#default-router 192.168.1.1
R2(dhcp-config)#exit
R2(config)# ip route 0.0.0.0 0.0.0.0 1.1.1.2
R2(config)#
```

步骤 4：在 PC1 测试网络地址获取情况，如图 3-5-1-2 所示。

图 3-5-1-2 PC1 测试地址获取情况

步骤 5：在 PC1 上访问 Server 的网站，如图 3-5-1-3 所示。

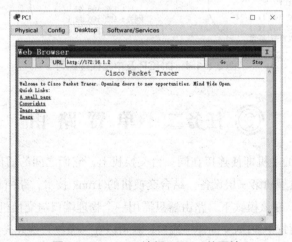

图 3-5-1-3 PC1 访问 Server 的网站

小贴士

（1）DHCP 服务一般情况是在核心交换机上设置，或由单独服务器承担，路由器设置 DHCP 功能多数在家庭路由设备上采用的比较多，这里主要是为了验证 DHCP 中继的设置方法。

（2）DHCP 中继设置的原则是在离客户端最近的三层备接口上设置，掌握这个技巧配置就会方便很多。

任务总结

本任务涉及的知识点是路由器上配置 DHCP 服务器和 DHCP 中继代理设置方法，注意建立 DHCP 地址池有很多选项，一定要了解每项的含义。如果有多个网络需要分配地址，可以分别建多个地址池与之对应。另外 DHCP 中继代理配置在什么位置不容易理解，需要多练习提高技巧。本任务介绍的是最简单的方法，对于 DHCP 服务器的搭建，在实际设备上要复杂很多，对于此方面的知识请在课后练习中体会。

任务提升

VR 实训室为了使网络布局更合理，对网络结构进行了调整，增加了一台三层交换机，将两台操作主机 PC1 和 PC2 迁移到交换机上，PC1 和 PC2 也相应地由一个网络变到了两个网络中，按要求配置网络使 PC1 和 PC2 可以自动获得地址并能访问 Server 上的网站，拓扑图如图 3-5-1-4 所示。

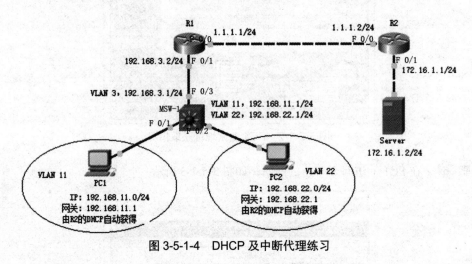

图 3-5-1-4　DHCP 及中断代理练习

任务二　单臂路由

处于不同 VLAN 的主机即使连接在同一台交换机上，它们之间的通信也必须通过第三层设备实现，路由器就是典型的第三层设备。结合交换机的 Trunk 技术，路由器可以使用单臂路由模式实现 VLAN 间路由。在该模式下，路由器只需用一个物理端口与交换机的 Trunk 端口相连接，然后在该物理端口上为每个 VLAN 创建子端口，就可以在一条物理线路转发多个 VLAN 的数据，这种方式称作单臂路由。

任务明确

培训机房网络由一台二层交换机接入，一台三层交换机作为核心连接两个网络进行通信，平时情况下 VALN 192 和 VLAN 172 相互通信正常。昨天夜里突然一场大雨雷电交加，培训机房的三层交换机因被雷击发生故障，管理员没有找到可以替换的交换机，只找到了一台路由器，在这种情况下你作为管理员，能不能用这个路由器替换交换机，将出现故障网络修好使网络恢复畅通？

操作步骤

按照任务要求规划网络拓扑图（见图 3-5-2-1）和 IP 及端口规划表（见表 3-5-2-1），对照如下操作提示进行相关配置。

1. R1 的操作步骤

（1）开启 F 0/0。

（2）给 F 0/0.1 子接口封装 802.1Q 协议，VLAN ID 设为 192。

（3）配置 F 0/0.1 子接口 IP 为 192.168.1.254/24。

（4）给 F 0/0.2 子接口封装 802.1Q 协议，VLAN ID 设为 172。

（5）配置 F 0/0.2 子接口 IP 为 172.16.1.254/24。

2. SW-1 的操作步骤

（1）SW-1 交换机上划分 VLAN 192 和 VLAN 172。

（2）把 F 0/1 接口划给 VLAN 192。

（3）把 F 0/24 接口划给 VLAN172。

（4）将 F 0/2 接口设为 trunk 模式。

3. PC 的操作步骤

（1）给 PC1 配置 IP、掩码、网关。

（2）给 PC2 配置 IP、掩码、网关。

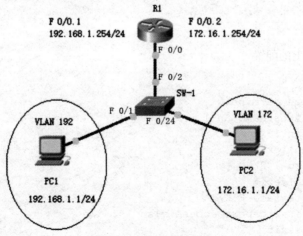

图 3-5-2-1 单臂路由任务

表 3-5-2-1　IP 及端口规划表

名称	IP 地址	子网掩码	端口号	网关	VLAN
PC1	192.168.1.1	255.255.255.0		192.168.1.1	
PC2	172.16.1.1	255.255.255.0		172.16.1.254	
R1	192.168.1.254	255.255.255.0	F 0/0.1		
	172.16.1.254	255.255.255.0	F 0/0.2		
MSW-1			F 0/1		VLAN 192
			F 0/2		trunk
			F 0/24		VLAN 172

📖 任务落实

步骤 ❶：PC 的配置。PC1、PC2 的 IP 地址按 IP 及端口规划表进行配置，如表 3-5-2-1 所示，此处略。

步骤 ❷：R1 的配置。

单臂路由

```
Router>enable
Router#configure terminal
Router(config)#hostname R1
R1(config)# interface F 0/0
R1(config-if)# no shutdown
R1(config-if)#exit
R1(config)# interface F 0/0.1
R1(config-subif)#encapsulation dot1Q 192
R1(config-subif)#ip add 192.168.1.254 255.255.255.0
R1(config-subif)#exit
R1(config)#interface F 0/0.2
R1(config-subif)#encapsulation dot1Q 172
R1(config-subif)#ip add 172.16.1.254 255.255.255.0
R1(config-subif)#exit
R1(config)#
```

步骤 ❸：SW-1 上的配置。

```
Switch>enable
Switch #configure terminal
Switch (config)#hostname SW-1
SW-1(config)#vlan 192
SW-1(config-vlan)#exit
SW-1(config)#vlan 172
SW-1(config-vlan)#exit
SW-1(config)#interface F 0/1
SW-1(config-if)#switchport access vlan 192
SW-1(config-if)#exit
```

```
SW-1(config)#interface F 0/24
SW-1(config-if)#switchport access vlan 172
SW-1(config-if)#exit
SW-1(config)#interface F 0/2
SW-1(config-if)#switchport mode trunk
SW-1(config-if)#exit
SW-1 (config)#
```

步骤④：在 PC1 上测试连通性，访问 PC2 通，说明单臂路由设置成功，如图 3-5-2-2 所示。

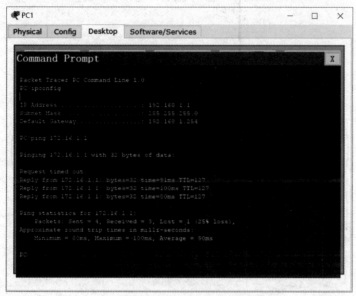

图 3-5-2-2　PC1 访问 PC2 测试

小贴士

（1）一个物理接口当成多个逻辑接口来使用时，往往需要在该接口上启用子接口，通过一个个的逻辑子接口实现物理端口以一当多的功能。单臂路由的逻辑子接口是在物理接口上划分的，不能被单独开启或关闭，当物理接口被开启或关闭时，所有的该接口的子接口也随之被开启或关闭。

（2）在配置子接口 dot1q 时，后面的 VLAN ID 一定与二层接入的 VLAN ID 保持相同，这样才能使用 VLAN 一致。

任务总结

本次任务主要是学习单臂路由的基础知识，单臂路由可以实现二层交换机的不同 VLAN 之间的通信，单臂路由使用虽然简单但非常消耗路由器 CPU 与内存的资源，网络数据包进出路由器都在一条链路上进行，在一定程度上影响了数据包传输的效率。当网中没有三层交换机时可以作为临时替代来解决实际问题，通过单臂路由可以帮助我们更好地理解和学习 VLAN 原理和子接口概念，要求一定认真理解，实际操作中还有很多具体的细节需要注意和总结，希望课后认真体会。

(🔧) 任务提升

学校管理员使用路由器临时替代了三层交换机把培训机房的网络修好了，但此时培训机房参加培训学员增加了，想把旁边的机房的交换机 SW-2 作为另一个网络加到培训机房中，使该机房也开展培训工作，又不能影响现在培训机房的网络结构，在这种情况下如何进行设置，既比较简单又能方便地完成任务？拓扑图如图 3-5-2-3 所示。

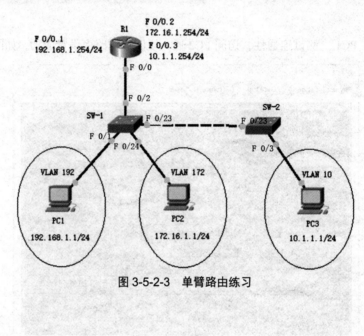

图 3-5-2-3　单臂路由练习

项目六
交换机/路由器综合实训

到本项目为止，我们对交换机和路由器的基础知识已经学习完毕。为了使交换机和路由器知识融会贯通，更好地将所学的全部项目知识综合在一起，使知识灵活运用，我们特选了几个配置相对完整的网络结构进行搭建，希望通过这些综合性强的项目学习，加强读者对实际应用的理解，以巩固前面项目所学到的知识，达到全面系统的复习效果。

任务一　综合实训（一）

任务明确

信息工程学校的网络拓扑结构如图 3-6-1-1 所示，校内接入层设备由两台二层交换机 SW-1 和 SW-2 承担，三层交换机 MSW-1 和 MSW-2 构成校园的核心，为了保证核心交换之间的链路带宽和冗余 MSW-1 和 MSW-2 之间使用了链路聚合技术，在 MSW-2 上连接网内 WWW 网站服务器，在 MSW-2 上，配置 DHCP 服务器，使用 VLAN 22 中的 PC 可以自动获得 IP。外网连接通过一台路由器 R1 实现，校内网使用静态路由协议保证全校网络互通。

为了使网络更安全，管理员还做了如下限制：

（1）在 MSW-1 上配置访问列表，禁止 PC1 访问互联网 Server 上的网站服务，同时限制了 VLAN 11 和 VLAN 22 网络互访。

（2）R1 和 R2 之间的链路采用 PPP 协议，使用 CHAP 双向验证。

（3）在 R1 上配置 NAT 静态地址映射，使用接口地址 2.2.2.2 对外发布校内 WWW 服务器，采用 PAT 端口地址转换方式，使用内网 VLAN 11 和 VLAN 22 用户可以访问互联网。

操作步骤

按照任务要求规划网络拓扑图（见图 3-6-1-1）和 IP 及端口规划表（见表 3-6-1-1），对照如下操作提示进行相关配置。

1. 设置 PC

（1）设置 PC1 的 IP 地址为 192.168.11.2/24。

（2）设置 PC2 的 IP 为自动获得方式，从 MSW-2 的 DHCP 地址池获得 IP。

（3）校内 WWW 服务器上开启 WWW 服务，设置 IP 为 192.168.4.2/24。

（4）互联网 Server 服务器上开启 WWW 服务，设置 IP 为 1.1.1.2/24。

2. 在 SW-1 上配置

（1）创建 VLAN 11，将 F 0/2 划入 VLAN 11。

（2）F 0/1 接口设为 trunk 模式。

3. 在 SW-2 上配置

（1）创建 VLAN 22，将 F 0/1 划入 VLAN 22。

（2）设置 F 0/2 接口为 trunk 模式。

4. 在 MSW-1 上配置

（1）创建 VLAN 11 和 VLAN 22，将 F 0/23 和 F 0/24 进行链路聚合。

（2）把聚合链路转换为 3 层模式，设置聚合接口 IP 为 192.168.3.1/24。

（3）VLAN 11 的 SVI 接口地址设为 192.168.11.1/24。

（4）VLAN 22 的 SVI 接口地址设为 192.168.22.1/24。

（5）设置 DHCP 中继服务器的地址为 192.168.3.2。

（6）创建访问控制列表限制 PC1 访问互联网 Server 的网站（可以 ping 通）。

（7）使用访问控制列表限制 PC1 和 PC2 互访。

（8）开启 VLAN 间路由。

5. 在 MSW-2 上配置

（1）创建地址池 V22 网络为 192.168.22.0/24。

（2）地址池网关为 192.168.22.1，DNS 为 22.22.22.22。

（3）设置 MSW-2 上的聚合接口 IP 为 192.168.3.2/24。

（4）设置 MSW-2 上的 F 0/1 接口 IP 为 192.168.4.1/24。

（5）设置 MSW-2 上的 F 0/2 接口 IP 为 3.3.3.1/24。

（6）开启 VLAN 间路由。

6. 设置路由器 R1

（1）设置 F 0/0 地址为 3.3.3.2/24。

（2）设置 S 0/3/0 地址为 2.2.2.2/24。

（3）设置 S 0/3/0 绑定 PPP 协议的 CHAP 双向验证，密码为 123456。

（4）设置 PAT 地址转换，使用内网 192.168.11.0 和 192.168.22.0 网络可以访问互联网。

（5）设置 NAT 静态地址映射，使校内 WWW 服务器以 2.2.2.2 地址对外发布。

7. 设置路由器 R2

（1）设置 S 0/3/0 地址为 2.2.2.1/24。

（2）设置 F 0/1 地址为 1.1.1.1/24。

（3）设置 S 0/3/0 绑定 PPP 协议的 CHAP 双向验证，密码为 123456。

8.设置全网路由为静态路由

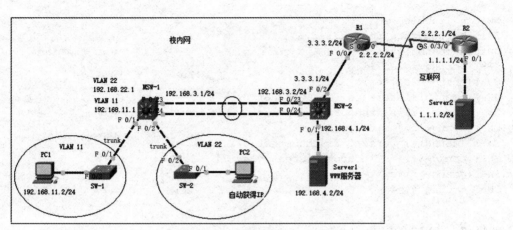

图 3-6-1-1　综合实训（一）任务

表 3-6-1-1　IP 及端口规划表

名称	IP 地址	子网掩码	端口号	网关	VLAN
PC1	192.168.11.2	255.255.255.0		192.168.11.1	
PC2	自动获得	自动获得		自动获得	
Server1	192.168.4.2	255.255.255.0		192.168.4.1	
Server2	1.1.1.2	255.255.255.0		1.1.1.1	
SW-1			F 0/2		VLAN 11
			F 0/1		trunk
SW-2			F 0/2		VLAN 22
			F 0/1		trunk
MSW-1	192.168.11.1	255.255.255.0	VLAN 11		
	192.168.22.1	255.255.255.0	VLAN 22		
	192.168.3.1	255.255.255.0	F 0/23		
			F 0/24		
MSW-2	192.168.3.2	255.255.255.0	F 0/23		
			F 0/24		
	192.168.4.1	255.255.255.0	F 0/1		
	3.3.3.1	255.255.255.0	F 0/2		
R1	3.3.3.2	255.255.255.0	F 0/0		
	2.2.2.2	255.255.255.0	S 0/3/0		
R2	2.2.2.1	255.255.255.0	S 0/3/0		
	1.1.1.1	255.255.255.0	F 0/1		

📃 **任务落实**

步骤 **1** :PC 的配置。PC1、PC2、Server1、Server2 的 IP 地址按 IP 及端口规划表进行配置，如表 3-6-1-1 所示，此处略。

步骤 **2** ：SW-1 的配置。

```
Switch> enable
Switch# configure terminal
Switch (config)#hostname SW-1
SW-1 (config)#vlan 11
SW-1(config-vlan)#exit
SW-1 (config)#interface FastEthernet 0/1
SW-1(config-if)#switchport mode trunk
SW-1(config-if)#exit
SW-1 (config)#interface FastEthernet 0/2
SW-1(config-if)# switchport access vlan 11
SW-1(config-if)#exit
SW-1 (config)#
```

步骤 **3** ：SW-2 的配置。

```
Switch> enable
Switch# configure terminal
Switch (config)#hostname SW-2
SW-2 (config)#vlan 22
SW-2(config-vlan)#exit
SW-2 (config)#interface FastEthernet 0/2
SW-2(config-if)#switchport mode trunk
SW-2(config-if)#exit
SW-2 (config)#interface FastEthernet 0/1
SW-2(config-if)# switchport access vlan 22
SW-2(config-if)#exit
SW-2 (config)#
```

步骤 **4** ：MSW-1 的配置。

```
Switch> enable
Switch# configure terminal
Switch (config)#hostname MSW-1
MSW-1 (config)#vlan 11
MSW-1(config-vlan)#exit
MSW-1 (config)#vlan 22
MSW-1(config-vlan)#exit
MSW-1 (config)#interface vlan 11
MSW-1(config-if)#ip add 192.168.11.1 255.255.255.0
MSW-1(config-if)#exit
MSW-1 (config)#interface vlan 22
MSW-1(config-if)#ip add 192.168.22.1 255.255.255.0
MSW-1(config-if)#ip helper-address 192.168.3.2
MSW-1(config-if)#ip access-group 1 out
MSW-1(config-if)#exit
MSW-1(config)#int range FastEthernet 0/23 - FastEthernet 0/24
MSW-1(config-if-range)#channel-group 1 mode on
MSW-1(config-if-range)#exit
```

```
MSW-1(config)#interface port-channel 1
```

```
MSW-1(config-if)#no switchport
MSW-1(config-if)#ip address 192.168.3.1 255.255.255.0
MSW-1(config-if)#ip access-group 101 out
MSW-1(config-if)#exit
MSW-1 (config)#interface FastEthernet 0/2
MSW-1 (config-if)# switchport trunk encapsulation dot1q
MSW-1(config-if)#switchport mode trunk
MSW-1(config-if)#exit
MSW-1 (config)#interface FastEthernet 0/1
MSW-1 (config-if)# switchport trunk encapsulation dot1q
MSW-1(config-if)#switchport mode trunk
MSW-1(config-if)#exit
MSW-1 (config)#ip routing
MSW-1 (config)#ip route 0.0.0.0 0.0.0.0 192.168.3.2
MSW-1 (config)#access-list 1 deny 192.168.11.0 0.0.0.255
MSW-1 (config)#access-list 1 permit any
MSW-1 (config)#access-list 101 deny tcp host 192.168.11.2 host 1.1.1.2 eq www
MSW-1 (config)#access-list 101 permit ip any any
```

步骤 **5** ：MSW-2 的配置。

```
Switch> enable
Switch# configure terminal
Switch (config)#hostname MSW-2
MSW-2 (config)#vlan 22
MSW-2(config-vlan)#exit
MSW-2(config)#int range FastEthernet 0/23 - FastEthernet 0/24
MSW-2(config-if-range)#channel-group 1 mode on
MSW-2(config-if-range)#exit
MSW-2(config)#interface port-channel 1
MSW-2(config-if)#no switchport
MSW-2(config-if)#ip address 192.168.3.2 255.255.255.0
MSW-2(config-if)#exit
MSW-2 (config)#interface FastEthernet 0/2
MSW-2 (config-if)#no switchport
MSW-2(config-if)#ip address 3.3.3.1 255.255.255.0
MSW-2(config-if)#exit
MSW-2 (config)#interface FastEthernet 0/1
MSW-2 (config-if)#no switchport
MSW-2(config-if)#ip address 192.168.4.1 255.255.255.0
MSW-2(config-if)#exit
MSW-2 (config)#ip routing
MSW-2 (config)#ip route 0.0.0.0 0.0.0.0 3.3.3.2
MSW-2 (config)#ip route 192.168.11.0 255.255.255.0 192.168.3.1
MSW-2 (config)#ip route 192.168.22.0 255.255.255.0 192.168.3.1
MSW-2 (config)#ip dhcp pool V22
MSW-2(dhcp-config)#network 192.168.22.0 255.255.255.0
MSW-2(dhcp-config)#default-router 192.168.22.1
MSW-2(dhcp-config)#dns-server 22.22.22.
MSW-2(dhcp-config)#exit
MSW-2 (config)#
```

步骤 6：R1 的配置。

```
Router>enable
Router#configure terminal
Router(config)#hostname R1
R1(config)#username R2 password 0 123456
R1(config)#interface F 0/0
R1(config-if)#ip address 3.3.3.2 255.255.255.0
R1(config-if)#ip nat inside
R1(config-if)#exit
R1(config)#interface S 0/3/0
R1(config-if)#ip address 2.2.2.2 255.255.255.0
R1(config-if)#encapsulation ppp
R1(config-if)#ppp authentication chap
R1(config-if)#ip nat outside
R1(config-if)#exit
R1(config)#ip nat inside source list netin interface Serial 0/3/0 overload
R1(config)#ip nat inside source static 192.168.4.2 2.2.2.2
R1(config)#ip access-list standard netin
R1(config-std-nacl)#permit 192.168.11.0 0.0.0.255
R1(config-std-nacl)#permit 192.168.22.0 0.0.0.255
R1(config-std-nacl)#deny any
R1(config-std-nacl)#exit
R1(config)#ip route 0.0.0.0 0.0.0.0 2.2.2.1
R1(config)#ip route 192.168.0.0 255.255.0.0 3.3.3.1
R1(config)#
```

步骤 7：R2 的配置。

```
Router>enable
Router#configure terminal
Router(config)#hostname R2
R2(config)#username R1 password 0 123456
R2(config)#interface F 0/1
R2(config-if)#ip address 1.1.1.1 255.255.255.0
R2(config-if)#exit
R2(config)#interface S 0/3/0
R2(config-if)#ip address 2.2.2.1 255.255.255.0
R2(config-if)#encapsulation ppp
R2(config-if)#ppp authentication chap
R2(config-if)#clock rate 2000000
R2(config-if)#exit
R2(config)#
```

步骤 8：进行测试。此任务所有测试工作自行完成，此处略。

任务总结

综合任务网络拓扑结构比较复杂，配置的项目比较多，容易产生疏忽和遗漏，配置设备时一定要细心和仔细。当有故障时要知道排查顺序，最好的方法是先不做限制，使用网络互通，然后再添加访问控制和其他验证项目，这样能减小项目施工难度。本任务介绍的是最基本的综合项目，对于更复杂的网络搭建需要在实践操作中才能有深刻体会，对于任务中的知识请在课后多做练习、认真巩固。

任务提升

机电工程学校仿照课堂任务修改了部分网络拓扑结构，如图 3-6-1-2 所示，校内接入层设备由两台二层交换机变为一台二层交换机 SW-1。三层校园核心交换机依然使用 MSW-1 和 MSW-2 构成，为了保证交换链路的带宽，使用了链路聚合技术，在 MSW-2 上连接校内 WWW 网站服务器，把原来在 MSW-2 配置 DHCP 服务器改为由一台服务器 DHCP 来承担，使用 VLAN 22 中的 PC 可以自动获得 IP。外网连接通过路由器 R1 实现，校内网使用静态路由协议保证全校网络互通。

为了使网络更安全，管理员还做了如下限制：

（1）在 MSW-1 上配置访问列表，禁止 PC1 访问互联网 Server 上的网站服务，同时限制了 VLAN 11 和 VLAN 22 网络互访。

（2）R1 和 R2 之间的链路采用 PPP 协议，使用 PAP 双向验证。

（3）在 R1 上配置 NAT 静态地址映射，使用接口地址 2.2.2.1 对外发布校内 WWW 服务器，采用 PAT 端口地址转换方式，使用内网 VLAN 11 和 VLAN 22 用户可以上网。

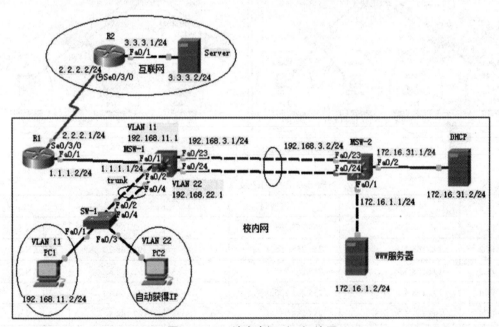

图 3-6-1-2 综合实训（一）练习

🎯 任务二 综合实训（二）

💻 任务明确

教学楼有 4 个多媒体教室，每个教室里有一台 PC，各主机自动从实训楼的 DHCP 服务器获得 IP 地址。教学楼的接入交换机 SW-1 和 SW-2 与本楼的核心交换机 MSW-1 之间采用生成树冗余双链路连接，SW-1 上的 VLAN 1 从 F 0/23 接口通信，VLAN 2 从 F 0/24 接口通信。SW-2 上的 VLAN 3 从 F 0/21 接口通信，VLAN 4 从 F 0/22 接口通信。实训楼有 3 个机房，各机房里的 PC 自动从本楼 DHCP 服务器获得 IP，SW-3、SW-4 与 MSW-2 之间采用双链路聚合方式连接。实训楼和教学楼的双链路中，如果有一条出现问题都能从另一条备份链路恢复通信，两栋楼的核心交换机用路由器 R1 连接一在一起，路由器 R1 上接有一台校内网站服务器，全校的 PC 都可以访问，校园网络通信采用静态路由方式，请根据上面的要求设计校园网网络结构。

🖧 **操作步骤**

按照任务要求规划网络拓扑图（见图 3-6-2-1）和 IP 及端口规划表（见表 3-6-2-1），对照如下操作提示进行相关配置。

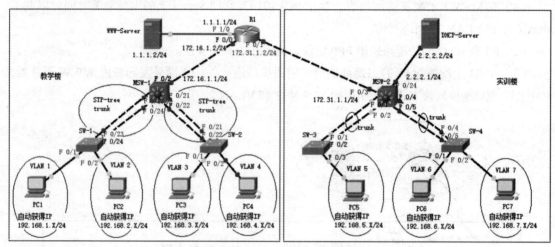

图 3-6-2-1　综合实训（二）任务

表 3-6-2-1　IP 及端口规划表

名称	IP 地址	子网掩码	端口号	网关	VLAN
PC1	192.168.1.×	255.255.255.0		192.168.1.1	VLAN 1
PC2	192.168.2.×	255.255.255.0		192.168.2.1	VLAN 2
PC3	192.168.3.×	255.255.255.0		192.168.3.1	VLAN 3
PC4	192.168.4.×	255.255.255.0		192.168.4.1	VLAN 4
PC5	192.168.5.×	255.255.255.0		192.168.5.1	VLAN 5
PC6	192.168.6.×	255.255.255.0		192.168.6.1	VLAN 6
PC7	192.168.7.×	255.255.255.0		192.168.7.1	VLAN 7
SW-1			F 0/23		trunk
			F 0/24		trunk
			F 0/1		VLAN 1
			F 0/2		VLAN 2

续表

名称	IP 地址	子网掩码	端口号	网关	VLAN
SW-2			F 0/21		trunk
			F 0/22		trunk
			F 0/1		VLAN 3
			F 0/2		VLAN 4
MSW-1	172.16.1.1	255.255.255.0	F 0/2		
	192.168.1.1	255.255.255.0	VLAN 1		
	192.168.2.1	255.255.255.0	VLAN 2		
	192.168.3.1	255.255.255.0	VLAN 3		
	192.168.4.1	255.255.255.0	VLAN 4		
			F 0/23		trunk
			F 0/24		trunk
			F 0/21		trunk
			F 0/22		trunk
MSW-2	172.31.1.1	255.255.255.0	F 0/3		
	2.2.2.1	255.255.255.0	F 0/24		
	192.168.5.1	255.255.255.0	VLAN 5		
	192.168.6.1	255.255.255.0	VLAN 6		
	192.168.7.1	255.255.255.0	VLAN 7		
			F 0/1		trunk
			F 0/2		trunk
			F 0/4		trunk
			F 0/5		trunk
R1	1.1.1.1	255.255.255.0	F 1/0		
	172.16.1.2	255.255.255.0	F 0/0		
	172.31.1.2	255.255.255.0	F 0/1		

1. 设置 PC

（1）设置 PC1~PC7 的 IP 为自动获得方式，从 MSW-2 的 DHCP 地址池获得 IP。

（2）设置 WWW-Server 的 IP 为 1.1.1.2/24。

（3）设置 DHC-Server 的 IP 为 2.2.2.2/24，创建 VLAN 1~VLAN 7 的地址池。

2. 在 SW-1 上配置

（1）创建 VLAN 2，将 F 0/2 划入 VLAN 2。

（2）设置 F 0/23 接口为 trunk 模式，VLAN 1 生成树端口优先级设为 16。

（3）设置 F 0/23 接口为 trunk 模式，VLAN 2 生成树端口优先级设为 16。

3. 在 SW-2 上配置

（1）创建 VLAN 3，将 F 0/1 划入 VLAN 3。

（2）创建 VLAN 3，将 F 0/2 划入 VLAN 4。

（3）设置 F 0/21 接口为 trunk 模式，VLAN 3 生成树端口优先级设为 16。

（4）设置 F 0/22 接口为 trunk 模式，VLAN 4 生成树端口优先级设为 16。

4. 在 SW-3 上配置

（1）创建 VLAN 5，将 F 0/3 划入 VLAN 5。

（2）设置 F 0/1 接口为 trunk 模式，设置链路聚合组为 1，模式为 on。

（3）设置 F 0/2 接口为 trunk 模式，设置链路聚合组为 1，模式为 on。

5. 在 SW-4 上配置

（1）创建 VLAN 6，将 F 0/1 划入 VLAN 6。

（2）创建 VLAN 7，将 F 0/2 划入 VLAN 7。

（3）设置 F 0/4 接口为 trunk 模式，设置链路聚合组为 2，模式为 on。

（4）设置 F 0/5 接口为 trunk 模式，设置链路聚合组为 2，模式为 on。

6. 在 MSW-1 上配置

（1）创建 VLAN 2、VLAN 3 和 VLAN 4。

（2）设置 F 0/21、F 0/22、F 0/23、F 0/24 接口为 trunk 模式。

（3）VLAN 1 的 SVI 接口地址设为 192.168.1.1/24，DHCP 中继地址为 2.2.2.2。

（4）VLAN 2 的 SVI 接口地址设为 192.168.2.1/24，DHCP 中继地址为 2.2.2.2。

（5）VLAN 3 的 SVI 接口地址设为 192.168.3.1/24，DHCP 中继地址为 2.2.2.2。

（6）VLAN 4 的 SVI 接口地址设为 192.168.4.1/24，DHCP 中继地址为 2.2.2.2。

（7）将接口 F 0/2 转换为三层口并设 IP 为 172.16.1.1/24。

（8）开启 VLAN 间路由，设置默认路由下一跳地址为 172.16.1.2。

7. 在 MSW-2 上配置

（1）创建 VLAN 5、VLAN 6 和 VLAN 7。

（2）设置 F 0/1 和 F 0/2 接口为 trunk 模式，设置链路聚合组为 1，模式为 on。

（3）设置 F 0/4 和 F 0/5 接口为 trunk 模式，设置链路聚合组为 2，模式为 on。

（4）VLAN 5 的 SVI 接口地址设为 192.168.5.1/24，DHCP 中继地址为 2.2.2.2。

（5）VLAN 6 的 SVI 接口地址设为 192.168.6.1/24，DHCP 中继地址为 2.2.2.2。

（6）VLAN 7 的 SVI 接口地址设为 192.168.7.1/24，DHCP 中继地址为 2.2.2.2。

（7）将接口 F 0/24 转换为三层口并设 IP 为 2.2.2.1/24。

（8）将接口 F 0/3 转换为三层口并设 IP 为 172.31.1.1/24。

（9）开启 VLAN 间路由，设置默认路由下一跳地址为 172.31.1.2。

8. 设置路由器 R1

（1）设置 F 1/0 地址为 1.1.1.1/24。

（2）设置 F 0/0 地址为 172.16.1.2/24。

（3）设置 F 0/1 地址为 172.31.1.2/24。

（4）设置静态路由。

任务落实

步骤 1：PC 的配置。PC1~PC7、WWW-Server、DHCP-Server 的 IP 地址按 IP 及端口规划表进行配置，如表 3-6-2-1 所示，此处略。

步骤 2：SW-1 的配置。

```
Switch> enable
Switch# configure terminal
Switch (config)#hostname SW-1
SW-1 (config)#vlan 2
SW-1(config-vlan)#exit
SW-1 (config)#interface FastEthernet 0/2
SW-1(config-if)#switchport access vlan 2
SW-1(config-if)#exit
SW-1 (config)#interface FastEthernet 0/23
SW-1(config-if)#switchport mode trunk
SW-1(config-if)#spanning-tree vlan 1 port-priority 16
SW-1(config-if)#exit
SW-1 (config)#interface FastEthernet 0/24
SW-1(config-if)#switchport mode trunk
SW-1(config-if)#spanning-tree vlan 2 port-priority 16
SW-1(config-if)#exit
SW-1 (config)#
```

步骤 3：SW-2 的配置。

```
Switch> enable
Switch# configure terminal
Switch (config)#hostname SW-2
SW-2 (config)#vlan 3
SW-2(config-vlan)#exit
SW-2 (config)#vlan 4
SW-2(config-vlan)#exit
SW-2 (config)#interface FastEthernet 0/1
SW-2(config-if)#switchport access vlan 3
SW-2(config-if)#exit
SW-2 (config)#interface FastEthernet 0/2
SW-2(config-if)#switchport access vlan 4
SW-2(config-if)#exit
SW-2 (config)#interface FastEthernet 0/21
SW-2(config-if)#switchport mode trunk
```

```
SW-2(config-if)#spanning-tree vlan 3 port-priority 16
SW-2(config-if)#exit
SW-2 (config)#interface FastEthernet 0/22
SW-2(config-if)#switchport mode trunk
SW-2(config-if)#spanning-tree vlan 4 port-priority 16
SW-2(config-if)#exit
SW-2 (config)#
```

步骤 **4** ：SW-3 的配置。

```
Switch> enable
Switch# configure terminal
Switch (config)#hostname SW-3
SW-3 (config)#vlan 5
SW-3(config-vlan)#exit
SW-3 (config)#interface FastEthernet 0/3
SW-3(config-if)#switchport access vlan 5
SW-3(config-if)#exit
SW-3(config)#int range FastEthernet 0/1 - FastEthernet 0/2
SW-3(config-if-range)#channel-group 1 mode on
SW-3(config-if-range)#switchport mode trunk
SW-3(config-if-range)##exit
SW-3 (config)#
```

步骤 **5** ：SW-4 的配置。

```
Switch> enable
Switch# configure terminal
Switch (config)#hostname SW-4
SW-4 (config)#vlan 6
SW-4(config-vlan)#exit
SW-4 (config)#vlan 7
SW-4(config-vlan)#exit
SW-4 (config)#interface FastEthernet 0/1
SW-4(config-if)#switchport access vlan 6
SW-4(config-if)#exit
SW-4 (config)#interface FastEthernet 0/2
SW-4(config-if)#switchport access vlan 7
SW-4(config-if)#exit
SW-4(config)#int range FastEthernet 0/4 - FastEthernet 0/5
SW-4(config-if-range)#channel-group 2 mode on
SW-4(config-if-range)#switchport mode trunk
SW-4(config-if-range)##exit
SW-4 (config)#
```

步骤 **6** ：MSW-1 的配置。

```
Switch> enable
```

```
Switch# configure terminal
Switch (config)#hostname MSW-1
MSW-1 (config)#vlan 2
MSW-1(config-vlan)#exit
MSW-1 (config)#vlan 3
MSW-1(config-vlan)#exit
MSW-1 (config)#vlan 4
MSW-1(config-vlan)#exit
MSW-1 (config)#interface vlan 1
MSW-1(config-if)#ip add 192.168.1.1 255.255.255.0
MSW-1(config-if)# ip helper-address 2.2.2.2
MSW-1(config-if)#no shutdown
MSW-1(config-if)#exit
MSW-1 (config)#interface vlan 2
MSW-1(config-if)#ip add 192.168.2.1 255.255.255.0
MSW-1(config-if)#ip helper-address 2.2.2.2
MSW-1(config-if)#exit
MSW-1 (config)#interface vlan 3
MSW-1(config-if)#ip add 192.168.3.1 255.255.255.0
MSW-1(config-if)# ip helper-address 2.2.2.2
MSW-1(config-if)#exit
MSW-1 (config)#interface vlan4
MSW-1(config-if)#ip add 192.168.4.1 255.255.255.0
MSW-1(config-if)#ip helper-address 2.2.2.2
MSW-1(config-if)#exit
MSW-1(config)#int range FastEthernet 0/23 - FastEthernet 0/24
MSW-1(config-if-range)#switchport trunk encapsulation dot1q
MSW-1(config-if-range)#switchport mode trunk
MSW-1(config-if-range)#exit
MSW-1(config)#int range FastEthernet 0/21 - FastEthernet 0/22
MSW-1(config-if-range)#switchport trunk encapsulation dot1q
MSW-1(config-if-range)#switchport mode trunk
MSW-1(config-if-range)#exit
MSW-1(config)#interface FastEthernet 0/2
MSW-1(config-if)#no switchport
MSW-1(config-if)#ip address 172.16.1.1 255.255.255.0
MSW-1(config-if)#exit
MSW-1 (config)#ip routing
MSW-1 (config)#ip route 0.0.0.0 0.0.0.0 172.16.1.2
MSW-1 (config)#
```

步骤 **7** ：MSW-2 的配置。

```
Switch> enable
Switch# configure terminal
Switch (config)#hostname MSW-2
MSW-2 (config)#vlan 5
MSW-2(config-vlan)#exit
MSW-2 (config)#vlan 6
MSW-2(config-vlan)#exit
```

```
MSW-2 (config)#vlan 7
MSW-2(config-vlan)#exit
MSW-2 (config)#interface vlan 5
MSW-2(config-if)#ip add 192.168.5.1 255.255.255.0
MSW-2(config-if)# ip helper-address 2.2.2.2
MSW-2(config-if)#exit
MSW-2 (config)#interface vlan 6
MSW-2(config-if)#ip add 192.168.6.1 255.255.255.0
MSW-2(config-if)#ip helper-address 2.2.2.2
MSW-2(config-if)#exit
MSW-2 (config)#interface vlan 7
MSW-2(config-if)#ip add 192.168.7.1 255.255.255.0
MSW-2(config-if)# ip helper-address 2.2.2.2
MSW-2(config-if)#exit
MSW-2(config)#int range FastEthernet 0/1 - FastEthernet 0/2
MSW-2(config-if-range)#channel-group 1 mode on
MSW-2(config-if-range)#switchport trunk encapsulation dot1q
MSW-2(config-if-range)#switchport mode trunk
MSW-2(config-if-range)#exit
MSW-2(config)#int range FastEthernet 0/4 - FastEthernet 0/5
MSW-2(config-if-range)#channel-group 2 mode on
MSW-2(config-if-range)#switchport trunk encapsulation dot1q
MSW-2(config-if-range)#switchport mode trunk
MSW-2(config-if-range)#exit
MSW-2(config)#interface FastEthernet 0/3
MSW-2(config-if)#no switchport
MSW-2(config-if)#ip address 172.31.1.1 255.255.255.0
MSW-2(config-if)#exit
MSW-2(config)#interface FastEthernet 0/24
MSW-2(config-if)#no switchport
MSW-2(config-if)#ip address 2.2.2.1 255.255.255.0
MSW-2(config-if)#exit
MSW-2 (config)#ip routing
MSW-2 (config)#ip route 0.0.0.0 0.0.0.0 172.31.1.2
MSW-2 (config)#
```

步骤 **8** ：R1 的配置。

```
Router>enable
Router#configure terminal
Router(config)#hostname R1
R1(config)#interface F 0/0
R1(config-if)#ip address 172.16.1.2 255.255.255.0
R1(config-if)#exit
R1(config)#interface F 0/1
R1(config-if)#ip address 172.31.1.2 255.255.255.0
R1(config-if)#exit
R1(config)#interface F 1/0
R1(config-if)#ip address 1.1.1.1 255.255.255.0
```

```
R1(config-if)#exit
R1(config)#ip route 0.0.0.0 0.0.0.0 172.16.1.1
R1(config)#ip route 192.168.5.0 255.255.255.0 172.31.1.1
R1(config)#ip route 192.168.6.0 255.255.255.0 172.31.1.1
R1(config)#ip route 192.168.7.0 255.255.255.0 172.31.1.1
R1(config)#ip route 2.2.2.0 255.255.255.0 172.31.1.1
R1(config)#
```

步骤 9 ：DHCP 服务器的搭建参照模块二的项目三里任务三，此处不做详细介绍，具体参考如图 3-6-2-2 所示。

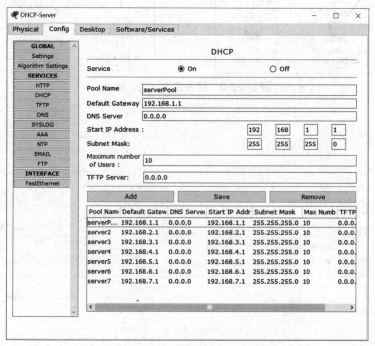

图 3-6-2-2 DHCP-Server 配置

步骤 10：进行测试。此任务所有测试工作自行完成，此处略。

任务总结

本次任务主要是模拟校园内楼宇及不同建筑之间网络结构的搭建，主要知识点是多网络互联及链路冗余互为备份，另外 DHCP 服务器的搭建和中继代理的配置也很常见。这些知识点在实际中经常使用，所以我们要认真掌握，在课后多做练习加强巩固。

任务提升

由于学校搬迁，新校区重新规划了网络结构，取消了实训楼的 DHCP 服务器，DHCP 服务器功能由教学楼的三层交换机 MSW-1 来承担。教学楼和实训楼分别设有三个多媒体机房，所有机房里的 PC 自动从 DHCP 服务器获得 IP 地址。教学楼的核心交换机 MSW-1 与 R1 相连，实训楼的核心交换机 MSW-2 与 R2 相连，路由器与核心交换机之间采用动态路由协议 OSPF 互通，实训楼的核心交换机 MSW-2 上接有一台校内网站服务器，全校的 PC 都可以访问此网站，请根据上面的要求设计校园网结构。拓扑图如图 3-6-2-3 所示。

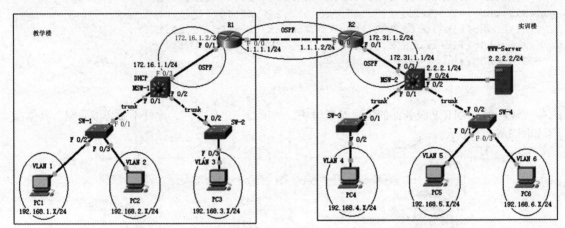

图 3-6-2-3　综合实训（二）练习